单片机通信技术应用实例
——基于 STC15W 系列单片机

周长锁　王　旭　编著

电子工业出版社

Publishing House of Electronics Industry

北京·BEIJING

内 容 简 介

本书通过实例展现单片机多种通信模式的实现方法，以单片机的串口和 SPI 接口为主线，详细讲解 STC15W 系列单片机在串口通信和网络通信中的应用，以及在蓝牙、WiFi、GPRS 等通信技术中的应用。参考本书的实例，能比较容易地入手单片机通信类产品的设计和开发。

本书由工控开发人员编写，每章的实例都有详细的电路原理图和 C 程序源代码，实例来源于实际应用项目和技术储备测试，其中与上位机通信的实例提供了 VB6 程序源代码，与手机通信的实例提供了 Android 程序源代码，使读者能系统理解单片机的通信过程。

本书适合具有一定单片机技术基础的电子爱好者和电子产品开发人员阅读参考。

图书在版编目（CIP）数据

单片机通信技术应用实例：基于 STC15W 系列单片机/周长锁，王旭编著. —北京：电子工业出版社，2018.6

ISBN 978-7-121-34343-8

Ⅰ.①单… Ⅱ.①周… ②王… Ⅲ.①单片微型计算机 Ⅳ.①TP368.1

中国版本图书馆 CIP 数据核字（2018）第 115591 号

策划编辑：陈韦凯
责任编辑：康　霞
印　　刷：北京七彩京通数码快印有限公司
装　　订：北京七彩京通数码快印有限公司
出版发行：电子工业出版社
　　　　　北京市海淀区万寿路 173 信箱　邮编　100036
开　　本：787×1 092　1/16　印张：14　字数：358 千字
版　　次：2018 年 6 月第 1 版
印　　次：2023 年 2 月第 6 次印刷
定　　价：65.00 元

前 言

随着信息化的发展和物联网概念的提出，单片机由原来主要解决产品的智能化问题，转变为现在还要解决产品的网络化问题，而要实现网络化，就要根据具体情况采用合适的通信技术。

掌握单片机通信技术是电子产品设计开发人员的基本要求，要想设计出好的产品，还需要对应用该产品的行业有较深入的理解，清楚产品的现状与不足、发展趋势和功能需求等信息，通过行业的专业知识与单片机技术的结合，才能更好地应用单片机的通信技术。

STC15W 系列单片机是抗干扰性能优良的国产单片机，其中 STC15W4K 系列有 4 个串口，适合工控产品使用，尤其适合通信协议转换方面的产品使用。同时，STC15W4K 系列单片机有容量为 4KB 的 RAM，远超同类 8 位单片机几百字节 RAM 的配置，达到了 ARM 处理器的水平，能替代 ARM 处理器在网络通信中的应用，性价比高，开发出的产品也具有竞争力。

本书共分 9 章，其中第 1～6 章介绍单片机串口通信编程技巧和串口扩展蓝牙、WiFi、GPRS 通信接口的应用；第 7～8 章介绍单片机 SPI 接口及其扩展为网络接口和 CAN 接口的应用；第 9 章介绍单片机模拟 I²C 总线的应用。各章节的具体内容安排如下。

第 1 章介绍单片机串口通信基本知识和编程技巧。实例内容为简易读卡开锁电路设计，示范了射频读卡模块（RFID 技术）的应用。

第 2 章介绍电话线路来电显示识别技术，包括 FSK 和 DTMF 两种来电显示解码电路与单片机的接口技术。实例内容为电话来电显示装置设计，通过该实例学习单片机自编通信协议与上位机的通信数据处理过程，实例提供上位机 VB6 程序源码。

第 3 章介绍蓝牙模块的应用。实例内容为手机蓝牙接口示波器设计，通过该实例学习单片机通过蓝牙与手机的通信数据处理过程，实例提供手机 Android 程序源代码。

第 4 章介绍单片机串口转 RS485 总线通信的应用。实例内容为 RS485 接口温度传感器设计，讲解了 Modbus-RTU 通信规约的实现方法。

第 5 章介绍 GPRS 模块的应用。实例 1 是用单片机控制 GTM900B 收发短信，学习用短信传输数据和实现远程控制。实例 2 是用车辆 GPS 定位及微信远程控制装置设计，讲解如何通过"贝壳物联"实现手机微信对车辆定位信息的读取及对车辆电路的控制。

第 6 章介绍 WiFi 模块的应用。实例内容是 WiFi 遥控小车电路设计，实例提供手机 Android 程序源码。

第 7 章介绍单片机 SPI 接口及其扩展为网络接口和 CAN 接口的应用。实例 1 是基于 W5500 的串口服务器设计；实例 2 是 USB 转 CAN 调试工具设计。

第 8 章介绍以太网 Modbus-TCP 协议实现方法。实例通过电度表集中抄表装置设计，讲解了电度表 DL/T645 通信协议和一种集中抄表解决方案。

第 9 章介绍单片机模拟 I²C 总线和模拟韦根协议的应用，讲解红外温度传感器、实时时钟、OLED 显示屏的 I^2C 总线通信过程。

为方便读者测试学习，本书提供实例 C 程序和上位机、手机上的测试程序下载，读者可以登录 www.hxedu.com.cn（华信教育资源网）查找本书后免费下载。

由于编著者理论知识有限，书中的错误和不妥之处在所难免，殷切期望广大读者给予指正。

编著者

目 录

第 1 章　STC15W 系列单片机串口通信

本章讲解如何设置单片机的串口通信参数，如何用串口中断功能提高单片机的运行效率；然后介绍串口调试软件的使用及辅助串口程序的开发调试；最后通过一个小制作，带领读者熟悉串口通信电路的开发过程。

1.1　单片机串口相关寄存器的设置

1.1.1　主要串口通信参数

串口只有在参数一致的情况下才能正常通信，主要的参数有波特率、停止位、校验位，可选的波特率有 1200、2400、4800、9600、19 200、38 400、115 200 等，停止位可选 1 位或 2 位，校验位可选无校验（n）、偶校验（e）和奇校验（o）。例如，常见的串口通信参数可表示为：9600,n,8,1，其中 9600 代表波特率 9600bps，n 代表无校验，8 代表 8 个数据位，1 代表 1 个停止位。

图 1-1 是不同波特率串口时序对比图，输出同样字符"12"的时序波形一致，区别就是每个数据位的间隔不同，9600bps 每个数据位间隔约 0.104ms，8 个数据位加上前面 1 个起始位和后面 1 个停止位，总周期约 1ms，也就是说，当波特率为 9600 时，每发送 1 个字节约需 1ms；同理，当波特率为 1200 时，每发送 1 个字节约需 8.3ms。

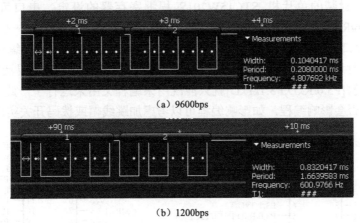

（a）9600bps

（b）1200bps

图 1-1　不同波特率串口时序对比图

当使用校验位时，每个字节会含 11 个数据位，不同校验设置时的串口输出波形对比见图 1-2。测试时发出的数据字符是"12"，十六进制数据为 0x31、0x32，先发送 1 位起始位

0，然后是 8 位数字位，低位在前，有校验时再发送 1 位校验位，校验位是根据前面 8 位数据位算出来的，最后发送停止位 1。

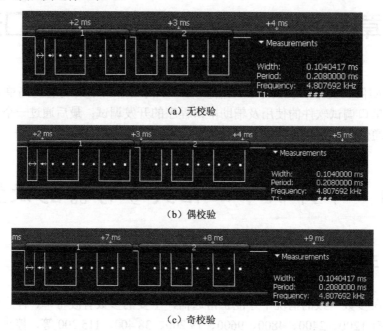

（a）无校验

（b）偶校验

（c）奇校验

图 1-2　不同校验设置时的串口输出波形对比图

1.1.2　STC15W 系列单片机串口特点

1. 串口可在不同引脚间切换

此功能限于引脚数为 16 及以上的单片机。图 1-3 是单片机 STC15W201S 不同封装引脚示意图，SOP16 封装的单片机 STC15W201S 根据寄存器的设定，串口可以在[P3.0/RxD,P3.1/TxD]和[P3.6/RxD_2,P3.7/TxD_2]间切换，这样的设计优点有两个：一是[P3.0/RxD,P3.1/TxD]只作为编程口，程序运行时切换到[P3.6/RxD_2,P3.7/TxD_2]，这样编程和运行互不影响；二是可以分时切换，当两个串口用，提高了单片机引脚利用效率和灵活性。SOP8 封装的单片机串口引脚[P3.0/RxD,P3.1/TxD]就只能既用来编程又用来运行了，此时从电路上就要考虑外部接线是否会影响编程，如影响编程可以考虑加跳线帽或拨码开关实现切换。

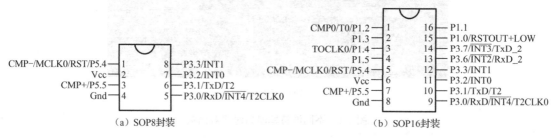

（a）SOP8封装　　　　　　　　　　　　（b）SOP16封装

图 1-3　单片机 STC15W201S 不同封装引脚示意图

2．串口 1 可设置为中继广播方式

串口 1 的 RxD 端收到数据能同步输出到 TxD 端，这种功能可以用于一对多通信；但是由于主机只能发送数据，所以这个功能不常用。

3．STC15W4K 系列单片机有 4 个串口

单片机外围模块大多都是通过串口与单片机进行通信的。当某个项目需要多个串口时，普通单片机只能通过扩展电路的方式来增加串口，如 CH432 系列单片机就是利用 SPI 接口实现串口扩展的。而 STC15W4K 系列单片机本身支持 4 个串口，与扩展串口相比，在满足单片机与多外围模块之间通信要求的同时，也简化了程序代码。

4．奇偶校验位不能自动添加

这是 STC15W 系列单片机的一个缺点。一般单片机使能奇偶校验后，校验位是自动生成、自动添加的。STC15W 系列单片机的奇偶校验位能自动生成到寄存器 PSW，发送数据时需要编程添加到 SCON 寄存器，具体使用方法见以后的代码。实际使用中尽量避免使用奇偶校验，一般多在通信协议中设置校验字节来保证数据的正确性。

1.1.3 单片机 STC15W201S 串口相关寄存器设置

STC 单片机的程序下载软件的附加功能非常实用，有定时器、波特率计算功能，还有封装引脚位和范例程序等功能，方便使用。图 1-4 就是计算串口波特率的界面截图，选好参数后，单击"生成 C 代码"按钮即可自动生成串口初始化代码。

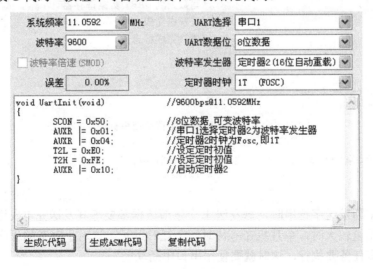

图 1-4　计算串口波特率的界面截图

使用串口通信时，单片机的系统频率最好使用 11.0592MHz 或其整数倍值，如 22.1184MHz，此时波特率最为准确，误差理论上为零。当选为 12MHz 时误差为 0.16%，感觉上不是很好，实际上也不影响通信准确性，一般认为误差在 4.5%以内是允许的。

STC15W 系列单片机的串口波特率发生器一般都占用定时器 2；对于 STC15W4K 系列 4 串口单片机，4 个串口可以都使用定时器 2，但此时波特率必须一致，如果波特率不一致就必须使用不同的定时器，串口 1 可以用定时器 1，串口 3 可以用定时器 3，串口 4 可以用定时器 4。

定时器初值计算公式如下：

```
T2H = (unsigned char)((65536UL - (MAIN_Fosc / 4) / Baudrate1) / 256);
T2L = (unsigned char)((65536UL - (MAIN_Fosc / 4) / Baudrate1) % 256);
```

当系统频率 MAIN_Fosc=11 059 200Hz，波特率 Baudrate1=9600 时，T2H=0xFE，T2L=0xE0。

1.2　串口中断发送与接收的 C 程序

在一些单片机资料的示范程序中，有用串口中断和不用串口中断的，但多数串口中断功能使用得不对，没有充分利用中断的作用。

1.2.1　不用串口中断发送字符串的 C 程序

程序源代码如下：

```
//发送串口数据
void SendData(BYTE dat)
{
SBUF = dat;                  //写数据到 UART 数据寄存器
while(!TI);                  //等发送完成
TI=0;                        //清除完成标志
}
//发送字符串
void SendString(char *s)
{
    while (*s)                //检测字符串结束标志
    {
        SendData(*s++);       //发送当前字符
    }
}
```

不用串口中断发送字符串时，每发送 1 个字节数据都要等其发送完再发送下一个字节数据，当发送数据量较大时，单片机在等待时间上耗时过长，这对于复杂的程序是不允许的，单片机还有很多任务要执行，这时就要使用串口中断功能。

1.2.2　不正确的中断发送字符串 C 程序

程序源代码如下：

```
//串口中断程序
void Uart() interrupt 4                    //中断号4
{
    if (RI)
    {
        RI = 0;                            //清除 RI 位
                                           //接收数据处理
    }
    if (TI)
    {
        TI = 0;                            //清除 TI 位
        busy = 0;                          //清除完成标志
    }
}
//发送串口数据
void SendData(BYTE dat)
{
    while (busy);                          //等待前面的数据发送完成
    busy = 1;
    SBUF = dat;                            //写数据到 UART 数据寄存器
}
//发送字符串
void SendString(char *s)
{
    while (*s)                             //检测字符串结束标志
    {
        SendData(*s++);                    //发送当前字符
    }
}
```

以上代码虽然使用了串口中断功能，但只是用中断功能清除了标志位。总体来看，无论程序是在发送字符串时，还是阻塞在发送和等待上，CPU 都无法执行别的任务。

1.2.3 正确的串口中断发送与接收 C 程序

程序源代码如下：

```
//串口测试程序
#include "STC15Wxx.h"                      //头文件
#include<string.h>                         //函数库
#define MAIN_Fosc        11059200L         //定义主时钟
#define T1MS (65536-MAIN_Fosc/1000)        //1T 模式
//通信
unsigned char tbuf1[30];                   //UART1 数据缓冲区
unsigned char rbuf1[30];                   //UART1 数据缓冲区
bit rnew1;                                 //接收新数据完成标志
bit ring1;                                 //正在接收新数据标志
```

```c
unsigned char rn1;                          //接收数据字节数
unsigned char sn1;                          //发送数据总字节数
unsigned char sp1;                          //已发送数据字节数
unsigned char t1;                           //通信计时
unsigned int t0;                            //计时
//============================================================
//函数: GPIO_Init()
//说明: 初始化端口
//PxM1.n,PxM0.n   =00--->Standard,   01--->push-pull
//                =10--->pure input, 11--->open drain
//============================================================
void GPIO_Init (void)
{
    P3M1 = 0x00;   P3M0 = 0x00;             //设置为准双向口
    P5M1 = 0x00;   P5M0 = 0x00;             //
}
//============================================================
//函数: Timer_Uart_Init()
//说明: 设置 Timer2 做波特率发生器,Timer0 做 1ms 定时器
//============================================================
void  Timer_Uart_Init(void)
{
    //定时器 0 定时中断
    AUXR = 0xC5;                            //定时器 0 为 1T 模式
    TMOD = 0x00;                            //设置定时器为模式 0(16 位自动重装载)
    TL0 = T1MS;                             //初始化计时值
    TH0 = T1MS >> 8;
    TR0 = 1;                                //定时器 0 开始计时
    ET0 = 1;                                //使能定时器 0 中断
    //定时器 2 产生波特率 9600
    SCON = 0x50;                            //8 位数据, 可变波特率
    T2L = 0xE0;                             //设定定时初值
    T2H = 0xFE;                             //设定定时初值
    ES  = 1;                                //允许中断
    REN = 1;                                //允许接收
    P_SW1 &= 0x3f;
    P_SW1 |= 0x00;                          //0x00: P3.0 P3.1; 0x40: P3.6 P3.7
    AUXR |= 0x10;                           //启动定时器 2
}

//============================================================
//函数: void SendString(char *s)
//说明: 发送字符串子程序
//============================================================
void SendString(char *s)
{
    unsigned char char_length,j;
```

```
    char_length = strlen(s);              //计算字符串长度
    for (j=0;j<char_length;j++)           //将字符放到发送缓冲区
    {
        tbuf1[j]=s[j];
    }
    sn1=char_length;                      //发送字节数
    sp1=0;                                //从头开始发送
    SBUF=tbuf1[0];                        //发送第 1 个字节
}
//=======================================================
//函数名：main
//描述：主函数,用户程序从 main 函数开始运行
//=======================================================
void main(void)
{
    GPIO_Init ();                         //初始化端口
    Timer_Uart_Init();                    //初始化定时器和串口
    EA = 1;                               //允许全局中断
    while (1)
    {
        //定时处理程序
        if(t0>1000)                       //1s
        {
            t0=0;
            SendString("Hello world!");
        }                                 //发送 "Hello world!" 字符串
        //串口 1 数据处理
        if(rnew1)
        {
            rnew1=0;

                                          //处理数据程序

        }
    }
}


//=======================================================
//函数：tm0_isr() interrupt 1
//描述：定时器 0 中断函数, 1ms
//=======================================================
void tm0_isr() interrupt 1
{
    t0++;
    if (ring1) t1++;                      //接收数据过程计时,中断接到数据位清零
    else t1=0;
    if(t1>20)                             //如果 20ms 内无新数据,判为一帧数据结束
    {
        rnew1=1;                          //置位有新数据标志
```

```
            ring1=0;                        //正在接收新数据标志位清零，可以接收新数据
            rn1++;                          //接收数据字节数修正
        }
    }


    //==========================================================
    //函数：void UART1_int (void) interrupt 4
    //描述：UART1 中断函数
    //==========================================================
    void UART1_int (void) interrupt 4
    {
        if(RI)                              //收到数据
        {
            RI = 0;                         //标志位清零
            t1=0;                           //接收计时清零
            if(!ring1)                      //新数据帧第一位数据判断
            {
                ring1=1;                    //置位正在接收标志
                rn1=0;                      //收到数据放到接收缓冲区首位
                rbuf1[0]=SBUF;
            }
            else
            {
                rn1++;                      //读取数据，依次存放到接收区
                if(rn1<30) rbuf1[rn1]=SBUF;
            }                               //数据量超过接收缓冲区容量时，丢弃数据
        }
        if(TI)
        {
            TI=0;
            sp1++;                          //发送数据
            if(sp1<sn1)  SBUF = tbuf1[sp1];
        }                                   //已发送数据小于预定发送数据量，继续发送
    }
```

以上是一段较完整的程序，比较复杂，只看注释可能理解不了，详细解释如下：
#include 语句声明头文件时，文件名用的是双引号，代表头文件在程序所在文件夹内；声明库函数时，文件名用的是尖括号，代表库函数在系统文件夹内，后面的 strlen(s)计算字符串长度函数属于<string.h>函数库内函数。接着定义了发送、接收缓冲区和有关状态位，接收数据的处理方式是按帧接收，即认为连续的一组数为一帧数据，中间间断 20ms（这个值要根据波特率调整）及以上就判为此帧数据接收完毕，要对数据进行解析，再收到数据就是下一帧数据了，接收数据的过程用的是中断接收，当接收完成通过新数据标志位通知主程序进行处理。发送数据的处理方式是将要发送数据写入发送缓冲区，定义好发送数据量，发送第一个数据，余下的数据主程序就不管了，都在中断程序中自动执行。主程序中每秒发送"Hello world!"字符串，秒计时是靠定时中断完成的，主程序只是检测是否到 1s 和是否有新数据进来，如果到 1s 就发送，如果有新数据就处理，这样主程序的响应速度就快了，还可以添加

别的任务让其执行。

1.3　上位机串口调试软件使用

当设计的电路需要单片机和外部设备串口通信时，通常的做法是先拿到外部设备，收集设备串口通信参数和通信协议，然后用串口调试软件进行通信测试，测试完成后再考虑单片机编程；单片机编程后也不急于和设备通信，先用串口调试软件和单片机进行通信测试，通过串口调试软件查看通信代码是否正确，最后才把单片机和串口设备连接起来统一调试。

1.3.1　常见 USB 转串口集成电路简介

要使用串口调试软件，就要和相关硬件配合，串口现在已不是计算机的标准配置，需要用 USB 转串口芯片虚拟出串口。常用的集成电路有 PL2303、CH341T、CP2102，其中 PL2303 价格便宜，CH341T 支持转 RS485，CP2102 体积小，不需要外部晶振，成品的电路板市面上很多。这里介绍自制的一种 USB 转串口电路，见图 1-5。

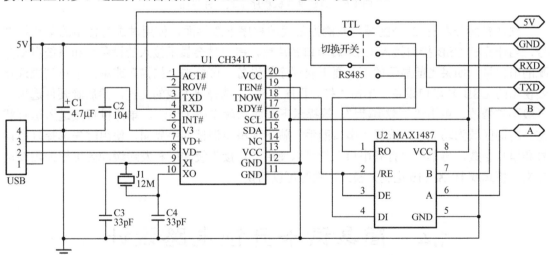

图 1-5　USB 转串口电路

图 1-5 所示电路使用了 CH341T，因为其外部接 RS485 集成电路扩展出了 RS485 通信总线，能和仪表、变频器和综合保护器等有 RS485 接口的设备通信；电路设计中加了一个切换开关，方便用串口的 TTL 电平接口对单片机下载程序和调试。

1.3.2　串口调试软件使用方法

串口调试软件有很多种，各有特色，本书中有关串口调试都使用 STC 单片机的程序下载软件里自带的串口调试软件。STC 单片机程序下载软件界面见图 1-6。

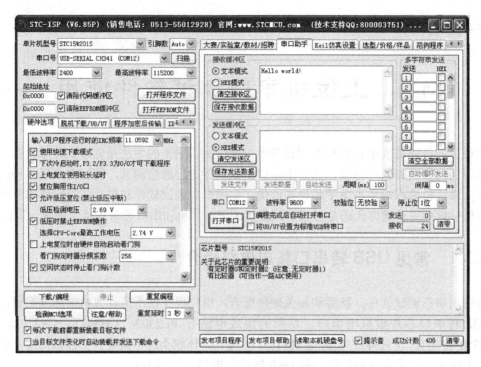

图 1-6　STC 单片机程序下载软件界面

软件界面分左右 2 个区域，左侧为常规的程序下载界面，使用时选对使用的单片机型号，当计算机 USB 接口接入 USB 转串口芯片后，串口号会显示接入的设备名和系统自动分配的串口号，如果当前显示的不是要下载程序的设备，可单击"扫描"或单击下拉列表选择要使用的 USB 转串口设备。单击"打开程序文件"，选择要下载的文件，然后看硬件选项，一般不需修改，单击"下载/编程"，等提示下载成功就完成了下载，单片机直接进入运行状态。右侧区域为功能区，选择"串口助手"就出现串口调试助手界面，使用时先选好串口号和串口参数，再单击"打开串口"就可以使用了。接收缓冲区和发送缓冲区可根据需要选择文本模式或 HEX（16 进制）模式，随时可以切换。

1.4　简易读卡开锁电路设计

射频识别（Radio Frequency Identification，RFID）应用范围越来越广，主要用于门禁、设备或物品电子标识，设计相关产品时如无特殊需求，可直接选用成熟的 RFID 读卡模块。需要注意的是读卡模块种类较多，和不同的标签配套使用，应根据实际使用条件选用。射频标签按频率分主要有 125kHz、13.56MHz 和 915MHz，其中 125kHz、13.56MHz 标签的识别距离为 5cm 左右（和读卡模块与使用环境有关）；915MHz 标签的识别距离可达 10m 左右，在车辆识别方面用得较多。

1.4.1　两种射频读卡模块测试

1．125kHz 射频识别模块 RDM6300

射频识别模块 RDM6300 接线图见图 1-7，测试时 P1 接 5V 电源，TxD 接 USB 转串口电路板的 RxD，模块只发送数据，故 RxD 不用接线，P2 外接铜线圈，P3 接 LED 指示。串口通信参数为 9600,n,8,1。

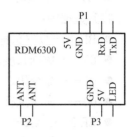

图 1-7　射频识别模块 RDM6300 接线图

测试过程：模块接好铜线圈、5V 电源和串口通信线，计算机侧接好 USB 转串口电路，打开串口调试工具，选择波特率为 9600，数据区选文本模式，当标签靠近铜线圈，进入识别范围时，LED 指示灯闪烁，串口调试软件间断不停收到标签识别数据"⌐0B001A277D4B∟"，每秒约收到 5 次。

2．13.56MHz 射频识别模块 CM031

射频识别模块 CM031 接线图见图 1-8，电源为 3.3V，线圈印制到电路板四周，支持双向通信，可读写识别卡不同存储区域数据。可发送通信命令使模块进入休眠状态，通过 IN 引脚下降沿信号唤醒模块工作，Out 引脚低电平指示有识别标签进入读卡区，串口通信波特率 9600～115200 分挡可调，调节方法为改变 JP1、JP2 跳线状态，JP1、JP2 都短接时波特率为 115200。

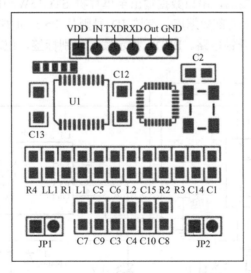

图 1-8　射频识别模块 CM031 接线图

测试过程：模块接好 3.3V 电源和串口通信线，计算机侧接好 USB 转串口电路，打开串口调试工具，选择波特率为 115200，数据区选 HEX 模式，当标签靠近识别模块，进入识别范围时，模块有卡指示灯亮，Out 引脚变低电平，此时用串口调试软件发送"BA 02 01 B9"，会收到"BD 08 01 00 EE 21 52 AA 01 82"，代表 ID 码为"EE 21 52 AA"。

发送数据中：

- BA——数据头标识；
- 02——数据长度，从下一个数据到结尾；
- 01——命令码；
- B9——校验码，前面数据的 XOR 校验。

收到数据中：

- BD——数据头标识；
- 08——数据长度，从下一个数据到结尾；
- 01——命令码，1 字节；
- 00——命令执行状态，00 表示执行成功；
- EE 21 52 AA——ID 识别码；
- 01——第 2 个 01 表示标签类型；
- 82——校验前面数据的 XOR 校验。

门禁读卡器是固定的，人员拿外形是钥匙扣或卡的识别标签去刷；对于较重的物体是把识别标签贴到物体上；还有巡更用的识别标签也是贴到固定位置，需要手持读卡器去扫，这种情况下要注意如果识别标签是贴到金属表面的，需要选用"抗金属标签"。

1.4.2　简易读卡开锁电路原理图

这里介绍的简易读卡开锁电路只是一个试验电路，其原理图见图 1-9。使用 RDM6300 读卡模块，外接配套的铜线圈，串口数据输出至单片机 STC15W201S 的 RxD 引脚，单片机收到识别标签 ID 号后检索内部数据库，有该 ID 号则从 P5.5 引脚输出高电平信号，持续 5 秒，通过继电器接点接通开锁电路。LED1 指示读到识别标签，LED2 指示卡有效，输出开锁信号。

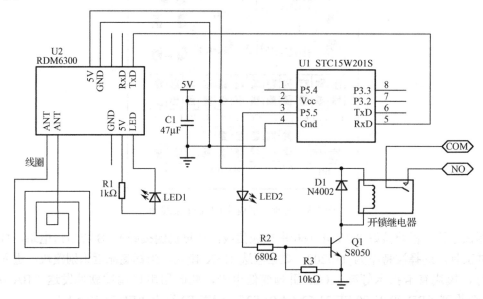

图 1-9　简易读卡开锁电路原理图

STC 单片机的端口有 4 种状态：准双向、推挽、仅为输入和开漏。作为 A/D 转换的引脚设为仅为输入，其余的一般设为准双向，需要高电平驱动输出的设为推挽，有外部上拉的可设为开漏。电路中用单片机的 **P5.5** 引脚驱动开锁继电器，高电平有效；P5.5 引脚要设为推挽输出。为防止 P5.5 引脚低电平时由于 LED2 的反向截止作用使 Q1 不能可靠关断，在其基极加 1 个下拉电阻 R3。

1.4.3　读卡开锁的 C 程序

程序源代码如下：

```
//RDM6300 射频读卡测试程序
#include "STC15Wxx.h"                    //头文件
#include<string.h>                       //函数库
#define MAIN_Fosc  11059200L             //定义主时钟
#define T1MS (65536-MAIN_Fosc/1000)      //1T 模式
//通信
unsigned char tbuf1[30];                 //UART1 数据缓冲区
unsigned char rbuf1[30];                 //UART1 数据缓冲区
bit rnew1;                               //接收新数据完成标志
bit ring1;                               //正在接收新数据标志
unsigned char rn1;                       //接收数据字节数
unsigned char sn1;                       //发送数据总字节数
unsigned char sp1;                       //已发送数据字节数
unsigned char t1;                        //通信计时
unsigned int t0;                         //计时
sbit KK=P5^5;                            //控制输出
//RFID 识别库, code 表示保存在 Flash 程序存储器内
unsigned char code Rfid[3][13]=
{
    {'0','B','0','0','1','A','2','7','7','D','4','B',NULL},
    {'1','B','0','0','1','A','2','7','7','D','4','B',NULL},
    {'2','B','0','0','1','A','2','7','7','D','4','B',NULL}
};
//==========================================================
//函数: GPIO_Init()
//说明: 初始化端口
//PxM1.n,PxM0.n    =00--->Standard,    01--->push-pull
//                 =10--->pure input,  11--->open drain
//==========================================================
void GPIO_Init (void)
{
    P3M1 = 0x00;   P3M0 = 0x00;          //设置为准双向口
    P5M1 = 0x00;   P5M0 = 0x20;          //P5.5 推挽
}
//==========================================================
//函数: Timer_Uart_Init()
```

```c
//说明：设置 Timer2 做波特率发生器，Timer0 做 1ms 定时器
//========================================================
void Timer_Uart_Init(void)
{
    //定时器 0 定时中断
    AUXR = 0xC5;                        //定时器 0 为 1T 模式
    TMOD = 0x00;                        //设置定时器为模式 0(16 位自动重装载)
    TL0 = T1MS;                         //初始化计时值
    TH0 = T1MS >> 8;
    TR0 = 1;                            //定时器 0 开始计时
    ET0 = 1;                            //使能定时器 0 中断
//定时器 2 产生波特率 9600
    SCON = 0x50;                        //8 位数据，可变波特率
    T2L = 0xE0;                         //设定定时初值
    2H = 0xFE;                          //设定定时初值
    ES = 1;                             //允许中断
    REN = 1;                            //允许接收
    P_SW1 &= 0x3f;
    P_SW1 |= 0x00;                      //0x00: P3.0 P3.1; 0x40: P3.6 P3.7
    AUXR |= 0x10;                       //启动定时器 2
}
//========================================================
//函数名：main
//描述：主函数，用户程序从 main 函数开始运行
//========================================================
void main(void)
{
    unsigned char i,*p;                //定义临时量
    KK=0;                              //控制输出初始化
    GPIO_Init ();                      //初始化端口
    Timer_Uart_Init();                 //初始化定时器和串口
    EA = 1;                           //允许全局中断
    while (1)
    {
    //串口 1 数据处理
    if(rnew1)
    {
        rnew1=0;                       //新数据标志清零
        for(i=0;i<3;i++)               //和 RFID 识别库对比收到数据
        {
            p=strstr(rbuf1,Rfid[i]);
            if(p>0)                    //收到数据在 RFID 识别库内有
            {
                KK=1;                  //输出开锁信号
                t0=0;                  //5s 计时开始
            }
        }
```

```
    }
    if(t0>5000) KK=0;                        //开锁信号输出 5s 后恢复
    }
}
//========================================================
//函数: tm0_isr() interrupt 1
//描述: 定时器 0 中断函数, 1ms
//========================================================
void tm0_isr() interrupt 1
{
    t0++;
    if (ring1) t1++;                         //接收数据过程中对数据间隔计时
    else t1=0;
    if(t1>20)                                //如果 20ms 内无新数据, 判为一帧数据结束
    {
        rnew1=1;                             //置位有新数据标志
        ring1=0;                             //正在接收新数据标志位清零, 可以接收新数据
        rn1++;                               //接收数据字节数修正
    }
}
//========================================================
//函数: void UART1_int (void) interrupt 4
//描述: UART1 中断函数
//========================================================
void UART1_int (void) interrupt 4
{
    if(RI)                                   //收到数据
    {
        RI = 0;                              //标志位清零
        t1=0;                                //接收计时清零
        if(!ring1)                           //新数据帧第一位数据判断
        {
            ring1=1;                         //置位正在接收标志
            rn1=0;                           //收到的数据放到接收缓冲区首位
            rbuf1[0]=SBUF;
        }
        else
        {
            rn1++;                           //读取数据, 依次存放到接收缓冲区
            if(rn1<30) rbuf1[rn1]=SBUF;
        }                                    //数据量超过接收缓冲区容量时, 丢弃数据
    }
    if(TI)
    {
        TI=0;
        sp1++;                               //发送数据
        if(sp1<sn1)  SBUF = tbuf1[sp1];
```

```
            }                        //已发送数据小于预定发送数据量，继续发送
    }
```

　　该程序框架和 1.2 节的串口通信测试程序基本相同，只是加了 RFID 识别库，把授权能开锁的识别标签 ID 保存在里面，串口接收功能在中断程序中实现，主程序检测是否有新数据，有就拿来和识别库对比，有相同的就输出开锁信号，5s 后关闭。程序下载后，先用串口调试软件测试，分别模拟发送不同识别 ID 号，测试单片机动作情况是否符合预设逻辑，最后连接单片机和读卡模块，用不同识别标签测试。成品读卡开锁电路还需加入动态修改 RFID 识别库等功能，方便更换和增加"钥匙"。

第2章 电话来电显示装置设计

将电话来电号码传到计算机上显示，配合计算机内数据库，在显示号码的同时能显示与电话号码有关联的资料，这种功能较早用到客服行业。后期加了电话线路状态判断、拨号解码等功能，这样在计算机侧软件就可以记录打入或拨出的号码和时间，同时用声卡实现自动录音，双击记录会播放该记录对应的录音，这种电话来电显示装置的用途变得更广泛了。

2.1 来电显示解码集成电路

来电显示数据格式有 FSK 和 DTMF 两种，以 FSK 为主，部分小型交换机采用 DTMF 格式。用单片机和模拟电路能实现解码，但外围电路复杂，占用单片机资源较多，很少采用这种方式，多使用专用解码集成电路和单片机配合解码。下面介绍常用的 DTMF 解码集成电路 HM9270D 和 FSK 解码集成电路 HT9032D 的应用。

2.1.1 DTMF 解码集成电路 HM9270D

HM9270D 内部功能框图见图 2-1，从引脚 IN+、IN-输入信号，解码后从引脚 Q1~Q4 输出；芯片时钟频率用 3.58（3.579 545）MHz；电路电源受 PWDN 控制，高电平时休眠，低电平时工作；逻辑转换控制外接阻容元件；引脚 INH 内部有下拉电阻，低电平时能解 1633Hz 高频组的编码，高电平时只解数字码和*、#码；TOE 为锁存控制；StD 端当解出码时输出高电平脉冲。

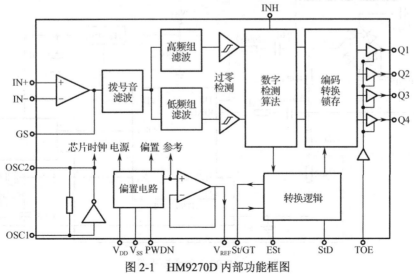

图 2-1 HM9270D 内部功能框图

DTMF 解码又称双音多频解码，用 4 种低频频率和 4 种高频频率交叉组合，组成 16 种编码，DTMF 逻辑表见表 2-1。单片机编程时要根据表格中的对应关系，将检测到的 Q1~Q4 值转为对应的码，根据 StD 端的变化，每个下降沿解 1 次码，最后把码连在一起发送给上位机。

表 2-1　DTMF 逻辑表（频率单位：Hz）

低　频	高　频	码	Q4	Q3	Q2	Q1
697	1209	1	0	0	0	1
697	1336	2	0	0	1	0
697	1477	3	0	0	1	1
770	1209	4	0	1	0	0
770	1336	5	0	1	0	1
770	1477	6	0	1	1	0
852	1209	7	0	1	1	1
852	1336	8	1	0	0	0
852	1477	9	1	0	0	1
941	1209	0	1	0	1	0
941	1336	*	1	0	1	1
941	1477	#	1	1	0	0
697	1633	A	1	1	0	1
770	1633	B	1	1	1	0
852	1633	C	1	1	1	1
941	1633	D	0	0	0	0

2.1.2　FSK 解码集成电路 HT9032D

图 2-2 为 HT9032 参考接线图，电源电压为 5V，引脚 TIP、RING 是信号输入端，解码后数据从引脚 DOUT 输出给单片机，外部时钟 3.58MHz 与单片机共用，内部供电受单片机控制。

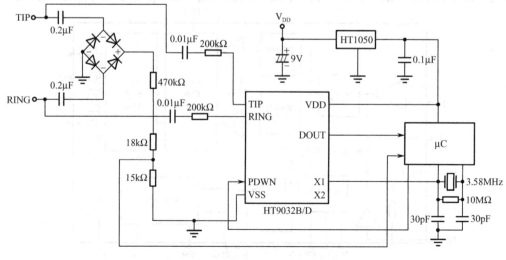

图 2-2　HT9032 参考接线图

主叫识别信息在第一次振铃和第二次振铃之间由交换机发送到开通来电显示业务的被叫用户电话上，这样平时单片机控制引脚 PDWN 为高电平，HT9032D 不工作；当单片机采集到第一次振铃信号后，拉低引脚 PDWN，使能 HT9032D 开始采集来电信息；当第二次振铃时再把引脚 PDWN 变为高电平，禁止 HT9032D 工作。解码时序图见图 2-3。

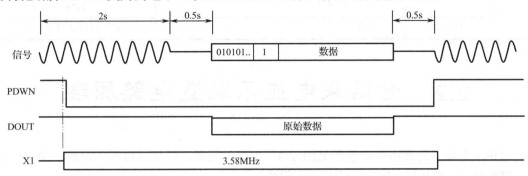

图 2-3　HT9032D 解码时序图

HT9032D 引脚 DOUT 输出的来电信息是串口数据，通信波特率为 1200bps，每字节的起始位是 1，结束位是 0，中间 8 位是信息，无奇偶检验。检测到的来电数据信息格式由于交换机的设定会使用表 2-2 和表 2-3 所列格式之一，单片机编程时要将两种数据格式都考虑在内。

表 2-2　HT9032 数据格式 1

格　式		字 节 数	说　　明	举　　例
消息	消息类型	1	0x04，解码方式	0x04
	消息长度	1	所有参数的数据长度	0x13（十进制时为 19）
参数	参数 1	8	月、日、时、分各占 2 字节	0x31 0x30 0x31 0x30 0x31 0x37 0x32 0x31
	参数 2	号码数	电话号码 13702388010	0x31 0x33 0x37 0x30 0x32 0x33 0x38 0x38 0x30 0x31 0x30
校验	校验和	1	前面所有数据按 256 的模求和再取补	0x2B

表 2-3　HT9032 数据格式 2

格　式		字 节 数	说　　明	举　　例
消息	消息类型	1	0x80，解码方式	0x80
	消息长度	1	所有参数的数据长度	0x2B（十进制时为 43）
参数	参数 1 类型	1	0x01，表示日期和时间	0x01
	参数 1 长度	1	0x08，日期和时间信息长度	0x08
	参数 1	8	月、日、时、分各占 2 字节	0x30 0x34 0x33 0x30 0x30 0x37 0x31 0x37
	参数 2 类型	1	0x02，表示电话号码	0x02
	参数 2 长度	1	电话号码长度	0x0B

续表

格　式	字　节　数	说　　明	举　　例
参数	参数 2	号码数	电话号码 13945900286	0x31 0x33 0x39 0x34 0x35 0x39 0x30 0x30 0x32 0x38 0x36
	其他参数	忽略		0x07 0x12 0x54 0x4F …

2.2　电话来电显示装置电路原理

电话来电显示装置电路原理图见图 2-4，由信号隔离、电话线路状态判断、DTMF 解码、FSK 解码、单片机、USB 转串口单元组成。

2.2.1　信号隔离

电路板外部接口有电话线路、计算机的 USB 接口和声卡，这两部分需要隔离，隔离不好的现象是电话有严重杂音，同时无法解码。隔离电路分交流信号隔离和直流信号隔离，图 2-4 中的电容 C11 和隔离变压器 T1 组成交流信号隔离电路，隔离后的信号分别进入 FSK 解码电路、DTMF 解码电路和计算机声卡音频录音电路；直流信号的隔离由光耦 U5 完成。电话线路上有振铃信号时会出现 100V 左右的交流电压，电容 C11 和三极管 Q1、Q2 的耐压至少要达到 160V。

2.2.2　电话线路状态判断

从电话线路电压变化看电话有挂机、振铃、摘机 3 种状态，挂机状态线路电压为 DC45V 左右，振铃状态线路电压为 AC100V（频率 25Hz）左右，摘机状态线路电压为 DC10V 左右。

线路状态判断电路由整流桥 D1、电阻 R1~R5、三极管 Q1～Q2 和光耦 U5 组成，整流桥的作用是极性变换，电话接线时不分正负极，需要用整流桥保证后面电路的极性不变。振铃信号是交流信号，经过整流桥变为直流脉冲，相当于全波整流，脉冲频率是交流信号频率的 2 倍即 50Hz。挂机状态线路电压高，R1 和 R2 分压后能使三极管 Q1 导通，三极管 Q2 截止，光耦 U5 输出截止，STA 端为高电平。摘机后线路电压降低，三极管 Q1 截止，三极管 Q2 导通，光耦 U5 导通，拉低 STA 端为低电平。同理，当线路为振铃状态时，STA 端为 50Hz 脉冲信号。

单片机用外部中断 INT1 对 STA 端脉冲计数，主程序中检测 SAT 端电平，当检测到 STA 端变低时，延时 100ms。如果 100ms 内脉冲计数大于 3，判为振铃状态；如果计数小于 3 且 STA 端仍为低电平判为摘机状态；在摘机状态时检测到 STA 端变高，延时 100ms 后 STA 端仍为高电平，判为挂机状态。

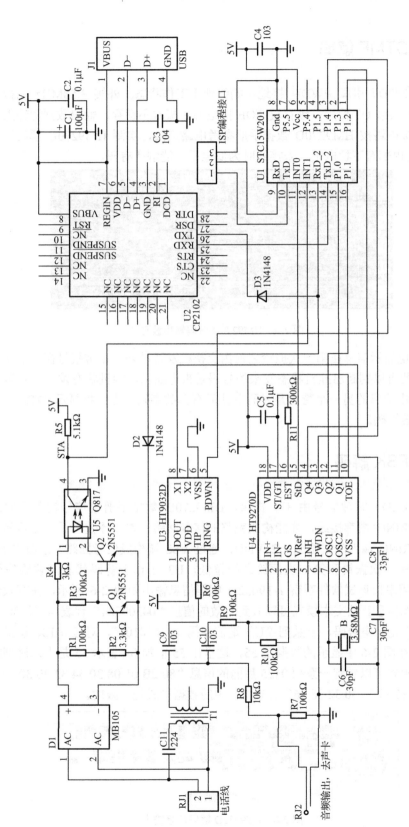

图2-4　电话来电显示装置电路原理图

2.2.3　DTMF 解码

U4（HM9270D）引脚 PWDN 接地，始终处于工作状态；外接 3.58MHz 晶振，时钟信号经电容 C8 提供给 U3 使用；锁存端 TOE 接电源正极时不锁存，输出数据随输入变化，信号处理部分外接电路按 HM9270D 数据手册参考电路连接，实测 HM9270D 解码输出波形见图 2-5；INH 端内部有下拉电阻，未接线时为低电平，能解所有码。

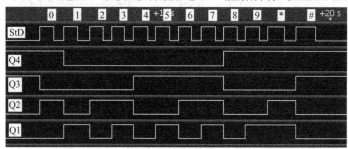

图 2-5　HM9270D 解码输出波形

DTMF 来电显示信息在第一次振铃之前由交换机发送过来，正常拨号在摘机状态才能实现，上位机由此可以判断出挂机状态发来的号码是来电显示，摘机状态发来的号码是拨号号码。DTMF 来电信息的另一个特点是号码前或后有非数字码，上位机显示 DTMF 来电号码时，要去掉非数字码。

2.2.4　FSK 解码

U3（HT9032D）时钟信号由 U4 提供，HM9270D 数据手册中信号输入用的是电容隔离，TIP 端和 RING 端都接线，才能构成完整的信号回路。本设计使用了变压器隔离，信号只接 TIP 端，RING 端内部钳位至 1/2 VDD，通过 VSS 端构成信号回路。引脚 PDWN 受单片机控制，在第一次振铃和第二次振铃之间拉低，U3 工作于解码状态，解码信号从引脚 DOUT 输出。用串口调试软件观察 HT9032D 解码信息输出如图 2-6 所示，在有效信息前后都有杂乱的其他信息。从文本模式可以看到有效的信息"04300724"代表 4 月 30 日 7:24，"13945900286"是来电号码，一系列"U"是前导码"01010101"，对应 HEX 模式中的一系列 0x55（注：在图 2-6 中显示的数据是 55，这里在 55 前加 0x 表示 55 是十六进制数据，下同）；从 HEX 模式可以看到一系列 0x55 后面的信息"80 2B 01 08 30 34 33 30 30 37 31 37 02 0B 31 33 39 34 35 39 30 30 32 38 36"与表 2-3 中的数据格式是一致的。

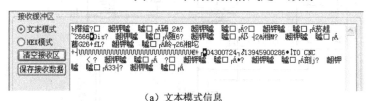

（a）文本模式信息

图 2-6　HT9032D 解码信息输出

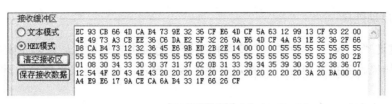

（b）HEX 模式信息

图 2-6 HT9032D 解码信息输出（续）

从这些杂乱的信息中提取有效信息的方法是寻找帧头 0x80，为避免误判，对前导标志 0x55 计数，连续计满 20 个以上再遇到 0x80 才是帧头，找到帧头后通过参数 2 的长度可确定电话号码。对于数据格式 1 的情况，遇到 0x04 才是帧头，用消息长度减去 8 个固定的时间长度就是电话号码长度，由此可确定电话号码。

2.2.5 USB 转串口

单片机与上位机通信是通过 USB 转串口芯片 CP2102 实现的，CP2102 内置振荡器，外围元件少，采用 QFN-28 封装，尺寸仅为 5mm×5mm，占用空间小，适合在较小尺寸的电路板上使用。使用过程中，在部分计算机上会出现同时接入 2 个 CP2102 时只能识别 1 个的情况，这可能与计算机操作系统有关，这种情况用厂家的设置软件把其中 1 个的识别码改成不同的就可以了。

单片机和 U3 通信的参数是 1200，和上位机的通信参数也只能是 1200。单片机 U1 的 RxD 端分别连接了 U3 的 DOUT 端和 U2 的 TXD 端。因为 U2、U3 数据输出端上拉作用较强，需要用二极管 D2、D3 隔离开，当其中一方通信时，另一方的高电平不会影响其通信。

2.3 串口通信协议设定

电话来电显示装置需要把信息传给上位机，当没有通用的协议可以使用时，可以自定义通信协议。

2.3.1 通信协议实现功能

1. 信息上传

● 摘机：发送"ATA"。

● 挂机：发送"ATH"。

● 振铃：发送"RING"。

● 号码：发送"NUBR=XXX"，XXX 代表来电号码。

发送字符后跟着发送"回车换行"符 0x0D 0x0A。

2. 设备自动连接

计算机发送"ATN"，返回"A"或其他字符。上位机软件运行后搜索空闲串口，然后发送"ATN"，如果收到指定回复，判断是所要连接的设备，保持连接，实现自动连接功能。

2.3.2　电话来电显示装置的 C 程序

程序源代码如下：

```
#include "STC15Wxx.h"                    //头文件
#include<string.h>                       //函数库
#define MAIN_Fosc  11059200L            //定义主时钟
#define T1ms (65536-MAIN_Fosc/1000)     //1000 代表 1ms
unsigned char rbuf[30];                 //串口接收缓冲区
bit rnew;                               //接收新数据完成标志
bit ring;                               //正在接收新数据标志
unsigned char rn;                       //接收数据字节数
unsigned char r55;                      //FSK 解码前 0x55 计数
unsigned char tbuf[25];                 //UART1 发送缓冲区
unsigned char sn;                       //发送数据总字节数
unsigned char sp;                       //已发送数据字节数
unsigned char nbuf[20];                 //号码缓冲区
unsigned char np;                       //已存号码数
unsigned int tn;                        //间隔 1s 计时
bit dnew;                               //新号码标志
unsigned char t1;                       //通信计时
unsigned int t2;                        //振铃 2.5s 后状态转振铃结束，回到挂机状态
unsigned int t3;                        //振铃 6s 计数
unsigned char t4;                       //振铃次数
unsigned char t5;                       //振铃脉冲计数
unsigned int t0;                        //计时
unsigned char State;                    //状态：0—挂机；1—振铃；2—摘机
unsigned char N55;                      //FSK 计数
sbit PDWN=P1^4;                         //HT9032 使能
sbit STA=P3^3;                          //STA
//sbit LED=P1^5;                        //LED 测试用
//=======================================================
//函数：GPIO_Init()
//说明：初始化端口
//PxM1.n,PxM0.n    =00--->Standard,    01--->push-pull
//                 =10--->pure input,  11--->open drain
//=======================================================
void GPIO_Init (void)
{
    P1M1 = 0x00;   P1M0 = 0x00;         //设置为准双向口
    P3M1 = 0x00;   P3M0 = 0x00;         //设置为准双向口
    P5M1 = 0x00;   P5M0 = 0x00;
```

```
    P1=0xFF;
    P3=0xFF;
}
//=========================================================
//函数：Timer_Uart_Init()
//说明：设置 Timer2 做波特率发生器，Timer0 做 20ms 定时器
//=========================================================
void  Timer_Uart_Init(void)
{
    //定时器 0 定时中断
    AUXR = 0xC5;                        //定时器 0 为 1T 模式
    TMOD = 0x00;                        //设置定时器为模式 0(16 位自动重装载)
    TL0 = T1ms;                         //初始化计时值
    TH0 = T1ms >> 8;
    TR0 = 1;                            //定时器 0 开始计时
    ET0 = 1;                            //使能定时器 0 中断
    //定时器 2 产生波特率 1200
    SCON = 0x50;                        //8 位数据,可变波特率
    T2L = 0x00;                         //设定定时初值
    T2H = 0xF7;                         //设定定时初值
    ES  = 1;                            //允许中断
    REN = 1;                            //允许接收
    P_SW1 &= 0x3f;
    P_SW1 |= 0x00;                      //0x00: P3.0 P3.1; 0x40: P3.6 P3.7
    AUXR |= 0x10;                       //启动定时器 2
}
//=========================================================
//void Sleep(unsigned int n)延时函数
//入口参数；n 为延时毫秒值
//=========================================================
void Sleep(unsigned int n)
{
    t0=0;
    while(t0<n);
}
//=========================================================
//函数：void SendStr(char *s)
//说明：发送字符串子程序，结尾加回车换行符
//=========================================================
void SendStr(char *s)
{
    unsigned char char_length,j;
    char_length = strlen(s);           //计算字符串长度
    for (j=0;j<char_length;j++)        //将字符放到发送缓冲区
    {
        tbuf[j]=s[j];
    }
```

```
        tbuf[char_length]=0x0D;
        tbuf[char_length+1]=0x0A;
        sn=char_length+2;                      //发送字节数
        sp=0;                                  //从头开始发送
        SBUF=tbuf[0];                          //发送第 1 个字节
}


//====================================================
//函数名：main
//描述：主函数，用户程序从 main 函数开始运行
//====================================================
void main(void)
{
    unsigned char i;
    GPIO_Init ();           //初始化端口
    Timer_Uart_Init();      //初始化定时器和串口
    ITO = 1;                //设置 INT0 的中断类型（1：仅下降沿；0：上升沿和下降沿）
    EX0 = 1;                //使能 INT0 中断
    IT1 = 1;                //设置 INT1 的中断类型（1：仅下降沿；0：上升沿和下降沿）
    EX1 = 1;                //使能 INT1 中断
    EA = 1;                 //允许全局中断
    State=0;
    PDWN=1;
    STA=1;
    while (1)
    {
        //串口 1 数据处理
        if(rnew)
        {
            if((rbuf[1]=='T') && (rbuf[2]=='N')) SendStr("A");
            else if(rbuf[0]==0x04)
            {
                np=rbuf[1]-8;
                if(np>20) np=0;
                for(i=0;i<np;i++)
                {
                    nbuf[i]=rbuf[i+10];
                }
                dnew=1;
            }
            else if(rbuf[0]==0x80)
            {
                np=rbuf[13];
                if(np>20) np=0;
                for(i=0;i<np;i++)
                {
                    nbuf[i]=rbuf[i+14];
```

```
        }
        dnew=1;
    }
    rnew=0;
}
//电话摘机和振铃状态判断
if((!STA) && (State==0))            //电话线路电压变化
{
    t5=0;                            //清振铃脉冲计数
    Sleep(100);                      //延时100ms再检测，过滤干扰
    if(t5>3)                         //又出现3个以上振铃脉冲，判断为振铃
    {
        State=1;                     //状态转振铃
        t2=0;                        //振铃状态2.5s自动回到挂机状态
        t3=0;
        t4++;
        SendStr("RING");            //发振铃信息
        if(t4==1)PDWN=0;            //第一次振铃使能HT9032D
        else PDWN=1;               //第二次振铃取消使能HT9032D
    }
    if((t5<3) && (!STA))
    {                                //100ms内未出现振铃脉冲，同时线路电压低
        State=2;                     //状态转为摘机
        SendStr("ATA");             //发摘机信息
    }
}
//电话挂机状态判断
if((STA) && (State==2))             //摘机状态时检测到线路电压高
{
    Sleep(100);                      //延时再检测，过滤干扰
    if(STA)                          //线路电压高
    {
        State=0;                     //判断为挂机状态
        SendStr("ATH");             //发送挂机信息
    }
}
if(dnew)                            //有拨号号码或来电号码
{
    tbuf[0]='N';
    tbuf[1]='U';
    tbuf[2]='B';
    tbuf[3]='R';
    tbuf[4]='=';
    for(i=0;i<np;i++) tbuf[5+i]=nbuf[i];
    tbuf[np+5]=0x0D;
    tbuf[np+6]=0x0A;
    sn=np+7;
```

```
            sp=0;
            SBUF=tbuf[0];
            np=0;                           //返回号码后, 清零
            dnew=0;
        }
    }
}
//========================================================
//函数: tm0_isr() interrupt 1
//描述: 定时器 0 中断函数, 1ms
//========================================================
void tm0_isr() interrupt 1
{
    t0++;
    t2++;
    t3++;
//振铃 2.5s 后再检测振铃
    if((State==1) && (t2>2500)) State=0;
    if(t3>6000)                             //振铃超过 6s 本次振铃结束
    {
        t3=0;
        t4=0;
        PDWN=1;
        r55=0;
    }
    tn++;
    if((!dnew) && (tn>3000) && (np!=0)) dnew=1; //收到 DTMF 号码
    if (ring) t1++;                         //接收数据过程中对数据间隔计时
    else t1=0;
    if(t1>100)                              //如果 100ms 内无新数据, 判为一帧数据结束
    {
        rnew=1;                             //置位有新数据标志
        ring=0;                             //正在接收新数据标志位清零, 可以接收新数据
        rn++;                               //接收数据字节数修正
        r55=0;
    }
}
//========================================================
//函数: void UART1_int (void) interrupt 4
//描述: UART1 中断函数
//========================================================
void UART1_int (void) interrupt 4
{
    unsigned char t;
    if(RI)                                  //收到数据
    {
        RI = 0;                             //标志位清零
```

```
        t1=0;                            //接收计时清零
        t=SBUF;
        if(t==0x55) r55++;
        if(!ring)                        //新数据帧第一位数据判断
        {
            if(((r55>20)&&((t==0x04)||(t==0x80)))||(t=='A'))
            {
                ring=1;                  //置位正在接收标志
                rn=0;                    //收到数据放到接收缓冲区首位
                rbuf[0]=t;
            }
        }
        else
        {
            rn++;                        //读取数据，依次存放到接收缓冲区
            if(rn<30) rbuf[rn]=SBUF;
        }                                //数据量超过接收缓冲区容量时，丢弃数据
    }
    if(TI)
    {
        TI=0;
        sp++;                            //发送数据
        if(sp<sn) SBUF=tbuf[sp];
    }                                    //已发送数据小于预定发送数据量，继续发送
}
//=======================================================
//Int0Int:外部中断 0 子程序，DTMF 来电号码接收
//=======================================================
void Int0Int(void) interrupt 0
{
    unsigned char num;
    num=P1&0x0F;
    if((num>0) && (num<10)) num+=0x30;
    if(num==10) num=0x30;
    if(num==11) num=0x2A;
    if(num==12) num=0x23;
    if(num==13) num=0x41;
    if(num==14) num=0x42;
    if(num==15) num=0x43;
    if(num==0) num=0x44;
    nbuf[np]=num;
    np++;
    if(np>24) np=0;
    tn=0;                                //计时清零
}
//=======================================================
//Int1Int:外部中断 1 子程序，振铃检测
```

```
//=======================================================
void Int1Int(void) interrupt 2
{
    t5++;
}
```

2.3.3　上位机 VB 示例程序

用 VB6 编写的电话来电显示上位机界面见图 2-7。程序运行后自动搜索设备，如没搜到设备，标题框显示"CID-未连接"，搜到设备后显示"CID-挂机"。软件界面分 4 部分：最新来电显示最近一次来电信息；通话记录显示通话信息，双击某记录，播放该记录的录音；拨号栏的号码显示电话拨出号码的解码，其余按键暂时不用；通讯录可分组填写，组名可重命名，来电显示信息就是搜索通讯录数据库，显示数据库内容。

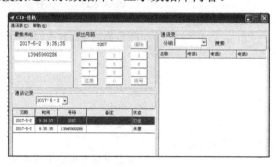

图 2-7　电话来电显示上位机界面

VB6 程序如下：

```
'振铃时发来"RING"
'摘机时发来"ATA"
'挂机时发来"ATH"
'有号码时发来"NUBR=XXX"
'状态有挂机、打电话、接电话、摘机、有来电
'记录有已接、未接、打出
'已接、未接的对应时间为第一次振铃时间，打出的时间是摘机时间
'Data1：配合 MSFlexGrid1，用于通话记录
'Data2：配合 MSFlexGrid2，用于通讯录分组显示
'Data3：用于将 Excel 转为数据库
'Data4：用于来电信息查询
'MMControl1 用于播放录音
'Timer1 配合 Delay 延时 60s 恢复通话记录当前日期
'Timer3 未接电话判断
Option Explicit
Private Declare Sub Sleep Lib "kernel32" (ByVal dwMilliseconds As Long)
'声明延时函数
    Dim Delay As Integer    '延时时间
    Dim Sd As String        '来电日期
    Dim St As String        '来电时间，均以计算机时间为准，有秒记录，便于记录录音信息
```

```
Dim LNum As String          '号码
Dim Msg As String           '显示来电号码对应提示信息
Dim RecFN As String         '录音保存文件名
Dim XS As Boolean           '是否显示通讯录
Dim LY As Boolean           '是否录音
Dim TS As Boolean           '是否语音提示来电
Dim Sta As String           '状态：挂机、振铃、摘机、接电话、打电话、未连接
Dim Change As Boolean       '录音状态
Dim xlApp As Excel.Application          '需要先引用EXCEL库,2003对应版本号11
Dim xlBook As Excel.Workbook            'Excel文件
Dim xlSheet As Excel.Worksheet          'sheet表
'显示分组
Private Sub DBCombo1_Click(Area As Integer)
  Data2.RecordSource = "select * from 通讯录 where ( 通讯录.分组 =" + "'" +
DBCombo1.Text + "')"
  Data2.Refresh
End Sub
'查询日期
Private Sub DTPicker1_Change()
  Call RFresh
  Delay = 0
End Sub
'程序启动
Private Sub Form_Load()
  If App.PrevInstance Then
    Unload Me                 '如程序已运行，新打开的退出
    Exit Sub
  End If
  XS = True
  LY = True
  TS = True
  Me.Width = 11580
  Data1.DatabaseName = App.Path & "\Data\CID.mdb"     '连接数据库
  Data2.DatabaseName = App.Path & "\Data\Tel.mdb"     '连接数据库
  Data3.DatabaseName = App.Path & "\Data\Tel.mdb"     '连接数据库
  Data4.DatabaseName = App.Path & "\Data\Tel.mdb"     '连接数据库
  MMControl1.Notify = False
  MMControl1.Wait = False
  MMControl1.TimeFormat = 1                 '时间格式设置为秒
  MMControl1.Shareable = False
  MMControl1.DeviceType = "waveaudio"       '播放类型为wav
  DTPicker1.Value = Date                    '初始化日期
  MSFlexGrid1.ColWidth(0) = 1000
  MSFlexGrid1.ColWidth(1) = 1000
  MSFlexGrid1.ColWidth(2) = 1300
  MSFlexGrid1.ColWidth(3) = 2000
  MSFlexGrid1.ColWidth(4) = 1000
```

```
    MSFlexGrid2.ColWidth(0) = 1200
    MSFlexGrid2.ColWidth(1) = 1025
    MSFlexGrid2.ColWidth(2) = 1200
    MSFlexGrid2.ColWidth(3) = 1500
    Call Com_search                             '搜索端口
    Call RFresh                                 '通话记录数据刷新
    Call DBCombo1_Click(1)
    Form1.Caption = "CID-" + Sta
End Sub
'退出程序前关闭串口，关闭音频播放控件
Private Sub Form_Unload(Cancel As Integer)
    If MSComm1.PortOpen Then MSComm1.PortOpen = False
    MMControl1.Command = "close"
End Sub
'更新分组数据
Private Sub menu_fz_Click()
    If ImportXls("分组", "分组", 1) > 0 Then
        MsgBox ("更新数据完成")
    Else
        MsgBox ("更新数据失败")
    End If
End Sub
'菜单中的搜索串口
Private Sub menu_sm_Click()
    Call Com_search
End Sub
'更新通讯录
Private Sub menu_tx_Click()
    If ImportXls("通讯录", "通讯录", 4) > 0 Then
        MsgBox ("更新数据完成")
    Else
        MsgBox ("更新数据失败")
    End If
    Data3.RecordSource = "分组"                  '数据表更新
    Data3.Refresh
End Sub
'消隐通讯录
Private Sub menu_xs_Click()
    If XS Then
        XS = False
        Me.Width = 6675
        menu_xs.Checked = False
    Else
        XS = True
        Me.Width = 11580
        menu_xs.Checked = True
    End If
```

```
End Sub
'转换函数，成功时返回数据组数，否则返回-1
'参数：Excel 文件名，数据库对应表，数据列数-1
Private Function ImportXls(strXls As String, strRes As String, IntN As
Integer) As Long
    Dim nCount As Long
    Dim mCount As Long
    Dim strNo As String

    On Error GoTo errH
    Data3.RecordSource = strRes                 '数据表更新
    Data3.Refresh
    Set xlApp = New Excel.Application
    Set xlBook = xlApp.Workbooks.Open(App.Path & "\Data\" + strXls + ".xls")
'打开 EXCEL 文件
    Set xlSheet = xlBook.Sheets(1)              '打开第一页（sheet）
    ImportXls = 0    '返回值
    Do While Not Data3.Recordset.EOF            '先清空原数据库
      Data3.Recordset.Delete
      Data3.Recordset.MoveNext
    Loop
    nCount = 1
    mCount = 1
    Do
      strNo = Trim(xlSheet.Cells(nCount, 1))    '这里根据第一列数据为空判断记录结束
      If Len(strNo) = 0 Then
          Exit Do
      End If
      Data3.Recordset.AddNew         '保存信息
      For mCount = 0 To IntN
        Data3.Recordset.Fields(mCount) = xlSheet.Cells(nCount + 1, mCount + 1)
      Next
      Data3.Recordset.Update
      nCount = nCount + 1
    Loop
    ImportXls = nCount - 1
    '销毁对象释放资源
    Set xlSheet = Nothing
    Set xlBook = Nothing
    xlApp.Quit '关闭 Excel
    Set xlApp = Nothing
    Exit Function
errH:
    ImportXls = -1
End Function
'串口中断处理，检测来电信息
Private Sub MSComm1_OnComm()
```

```
    Dim n As Integer
    Dim m As Integer
    Dim s As String
    On Error Resume Next
      Select Case MSComm1.CommEvent
      Case comEvReceive
        Sleep 300
        s = MSComm1.Input          '接收数据
        s = UCase(s)
        n = InStr(s, "RING")       '振铃检测，显示有来电，第一次振铃响铃声，第二次为语音
        If n <> 0 Then
          Form1.Show
          MMControl1.Command = "close"
          If Sta = "挂机" Then
            Sta = "振铃"
            Sd = Date
            St = Time
            RecFN = Month(Sd) & "_" & Day(Sd) & "_" & Hour(St) & "_" &
Minute(St) & "_" & Second(St) & ".wav"
            Timer3.Enabled = True
          Else
            Timer3.Enabled = False
            Timer3.Enabled = True
          End If
        End If
        n = InStr(1, s, "NUBR=", vbTextCompare)        '有号码来，一是来电显示，记录信
息；二是手动拨号，启动录音
        If n <> 0 Then
          m = InStr(n, s, vbCr, vbTextCompare)
          LNum = Mid(s, n + 5, m - n - 5)              '取号码
          If Sta = "打电话" Then                        '手动拨号
            Text1.Text = Text1.Text + LNum
            LNum = Text1.Text
          End If
          If Sta = "摘机" Then                          '手动拨号
            Text1.Text = LNum
            Sta = "打电话"
            Call RWav
          End If
          If Sta = "振铃" Or Sta = "挂机" Then
            Label1(0).Caption = Sd & " " & St
            Label1(1).Caption = LNum
            Data4.RecordSource = "select * from 通讯录 where (通讯录.电话 1 = " +
Chr(39) + LNum + Chr(39) + "Or 通讯录.电话 2= " + Chr(39) + LNum + Chr(39) + "Or
通讯录.电话 3 = " + Chr(39) + LNum + Chr(39) + ")"
            Data4.Refresh
            Msg = ""
```

```
      If Data4.Recordset.AbsolutePosition >= 0 Then
        Msg = Data4.Recordset.Fields(0)
        If Msg <> "" Then Label1(2).Caption = Msg
      Else
        Label1(2).Caption = ""
      End If
    End If
  End If
n = InStr(s, "ATA")        '摘机时，原先挂机则是打电话，否则为接电话，接电话同时录
音，打电话拨号后录音
  If n <> 0 Then
    If Sta = "挂机" Then
      Sd = Date
      St = Time
      RecFN = Month(Sd) & "_" & Day(Sd) & "_" & Hour(St) & "_" &
Minute(St) & "_" & Second(St) & ".wav"
      Sta = "摘机"
    Else
      Sta = "接电话"
      Call RWav
    End If
  End If
n = InStr(s, "ATH")        '挂机时，如果有录音，则保存录音文件
  If n <> 0 Then
    If Sta = "打电话" Or Sta = "接电话" Then
      Data4.RecordSource = "select * from 通讯录 where (通讯录.电话 1 = " +
Chr(39) + LNum + Chr(39) + "Or 通讯录.电话 2 = " + Chr(39) + LNum + Chr(39) +
"Or 通讯录.电话 3 = " + Chr(39) + LNum + Chr(39) + ")"
      Data4.Refresh
      If Data4.Recordset.AbsolutePosition >= 0 Then
        Msg = Data4.Recordset.Fields(0)
      End If
      If Change Then
        Call Save
        Change = False
      End If
      If Sta = "打电话" Then
        Call DFresh("打出")
      Else
        Call DFresh("已接")
      End If
    End If
    Sta = "挂机"
    LNum = ""
    Msg = ""
  End If
Case comEvSend
```

```
    Case comEventRxParity
    End Select
  End Sub
  '双击记录播放录音
  Private Sub MSFlexGrid1_DblClick()
  Dim S1 As String
  Dim S2 As String
  Dim S3 As String
  Dim ab As String
  Dim n As Integer
    S1 = MSFlexGrid1.TextMatrix(MSFlexGrid1.RowSel, 0)
    S2 = MSFlexGrid1.TextMatrix(MSFlexGrid1.RowSel, 1)
    S3 = Month(S1) & "_" & Day(S1) & "_" & Hour(S2) & "_" & Minute(S2) & "_"
& Second(S2) & ".wav"
    MMControl1.Visible = True
    MMControl1.Command = "close"
    MMControl1.FileName = App.Path & "\Rec\" & S3
    MMControl1.Command = "open"
    MMControl1.Notify = True
    MMControl1.Command = "play"
  End Sub
  '播放录音
  Private Sub MMControl1_Done(NotifyCode As Integer)
    If NotifyCode = 1 Then
      MMControl1.Command = "close"
      MMControl1.Visible = False
    End If
  End Sub
  '播放录音停止
  Private Sub MMControl1_StopClick(Cancel As Integer)
    MMControl1.Command = "stop"
    MMControl1.Command = "close"
    MMControl1.Visible = False
  End Sub
  '搜索设备
  Private Sub Com_search()
  Dim i As Integer
  Dim n As Integer
  Dim m As Integer
  Dim s As String
    On Error Resume Next
    For i = 1 To 16
      MSComm1.CommPort = i
      On Error Resume Next
      MSComm1.PortOpen = True
      If Err.Number = 0 Then
        MSComm1.PortOpen = True
```

```
        MSComm1.Output = "ATN" & Chr(13)
        Sleep 200
        s = MSComm1.Input
        m = InStr(s, "A")
        n = InStr(s, "B")
        If m > 0 Or n > 0 Then
            Sta = "挂机"
            MSComm1.RThreshold = 1
            Exit Sub
        Else
          MSComm1.PortOpen = False
        End If
      Else
        MSComm1.PortOpen = False
      End If
  Next i
  Sta = "未连接"
End Sub
'通话记录数据刷新
Private Sub RFresh()
Dim MD As String
Dim n As Integer
  MD = DTPicker1.Value                          '按显示日期搜索
  Data1.RecordSource = "select * from JL where JL.日期 = " + Chr(35) + MD +
Chr(35) & "order by JL.时间"
  Data1.Refresh
  For n = 0 To 3
    MSFlexGrid1.ColAlignment(n) = 4                    '居中对齐
  Next
  If MSFlexGrid1.Rows > 6 Then
    MSFlexGrid1.TopRow = MSFlexGrid1.Rows - 5    '在窗口内显示最新记录
  End If
End Sub
'查询以前通话记录后，延时 60s 恢复当前日期来电信息
Private Sub Timer1_Timer()
  Delay = Delay + 1
  If Delay > 60 Then
    Delay = 0
    DTPicker1.Value = Date
    Call RFresh
  End If
  Form1.Caption = "CID-" + Sta
End Sub
'录音
Private Sub RWav()
    MMControl1.Command = "stop"
    MMControl1.Command = "close"
```

```vb
      MMControl1.FileName = App.Path & "\Wav\Tmp.wav"
      MMControl1.Command = "open"
      MMControl1.Command = "record"
      Change = True
  End Sub
'保存录音
Private Sub Save()
      MMControl1.Command = "stop"
      MMControl1.FileName = App.Path & "\REC\" & RecFN
      If LY Then MMControl1.Command = "save"
      MMControl1.Command = "close"
  End Sub
  '记录更新
Private Sub DFresh(SM As String)          '记录更新
      Data1.Recordset.AddNew                '保存信息
      Data1.Recordset.Fields(0) = Sd
      Data1.Recordset.Fields(1) = St
      Data1.Recordset.Fields(2) = LNum
      Data1.Recordset.Fields(3) = Msg
      Data1.Recordset.Fields(4) = SM
      Data1.Recordset.Update
      Call RFresh
  End Sub
'未接电话判断
Private Sub Timer3_Timer()
    If Sta = "振铃" Then
      Call DFresh("未接")
      Sta = "挂机"
    End If
    Timer3.Enabled = False
  End Sub
```

第3章 手机蓝牙接口示波器

随着智能手机的普及，很多仪器仪表都配有蓝牙接口，方便用手机查看数据和遥控操作。单片机和 WiFi 模块组合后也可以和手机通信，但无法取代蓝牙模块，这是因为在这种点对点的无线通信模式下，蓝牙模块相对于 WiFi 模块有功耗低和使用方便两个重要优势。与单片机配合时，蓝牙模块是透明的，单片机就是正常的串口操作，不需要采用任何其他指令控制蓝牙模块。本章通过基于手机蓝牙接口的示波器设计，提供一种单片机配合蓝牙模块与手机通信的解决方案。

3.1　单片机串口转蓝牙通信

3.1.1　常用蓝牙模块介绍

常见的蓝牙模块采用引脚半孔工艺，预留引脚功能很多，有 USB、SPI、I2C、I/O 和 A/D 等功能，多数都没有对用户开放。有用的引脚有电源、TTL 串口、状态切换和状态指示等引脚，状态切换用于主从模式切换或进入 AT 指令模式，状态指示外接 LED，用 LED 亮灭或闪烁情况指示连接状态。

传统蓝牙用于数据量比较大的传输，单片机串口连接蓝牙模块，可以和手机或计算机等设备通信，作为从机向主机传输数据。BLE 是低功耗蓝牙（Bluetooh Low Energy）的简称，主要用于数据速率比较低的产品，如遥控类、计算机的鼠标、键盘和传感设备的数据发送。BLE 蓝牙属于蓝牙 4.1，目前只支持 SPP 协议的手机和台式机的蓝牙适配器是搜索不到的，需要安装配套软件直接通信。

3.1.2　蓝牙模块参数设置

1. 嵌入式蓝牙串口通信模块 HC-05

HC-05 蓝牙模块引脚接线示意图如图 3-1 所示。引脚 1、2 接串口；引脚 12、13 接电源；引脚 31、32 接发光二极管，State 指示模块工作状态，模块上电后闪烁，不同的状态闪烁间隔不同，Link 指示模块连接状态，蓝牙串口匹配连接成功后长亮；引脚 34 接按钮，当模块未连接时按下按钮，模块进入 AT 指令模式，能通过 AT 指令对模块参数进行设置，当模块连接后会自动退出 AT 指令模式，进入透明传输模式，此时再发送 AT 指令会被当成数据发送出去。

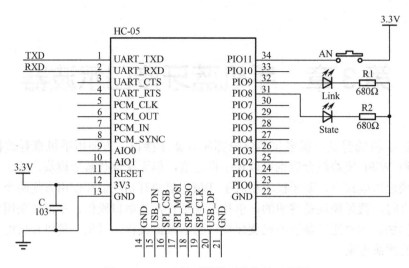

图 3-1　HC-05 蓝牙模块引脚接线示意图

　　HC-05 常用 AT 指令见表 3-1，表中只列了主机模式能用到的 AT 指令；设备名称指搜索到该设备时显示的名称；模块角色默认是从机，可以被主机搜索、配对和连接，设为主机时可以搜索其他蓝牙设备并配对连接，设为回环测试时相当于从机，只是主机发来的数据会原样发回主机；配对码默认为"1234"，也有用"0000"的，一般不用修改；串口参数一般只改波特率，不改停止位和校验位，修改波特率后模块需要重新上电后才能使用新设置参数。

表 3-1　HC-05 常用 AT 指令

指　　令	响　　应	参　　数	功　　能
AT+NAME=<Param>	OK	Param：蓝牙设备名称	设置设备名称
AT+ROLE=<Param>	OK	Param：0—从机	设置模块角色
AT+ROLE?	+ROLE:<Param> OK	1—主机 2—回环测试	查询模块角色
AT+PSWD=<Param>	OK	Param：配对码	设置配对码
AT+PSWD?	+PSWD:<Param> OK	默认值：1234	查询配对码
AT+UART=<Param1>, <Param1>,<Param1>	OK	Param1：波特率 取值：9600	设置串口参数 重新上电有效
AT+UART?	+UART:<Param1>, <Param1>, <Param1> OK	19 200 38 400 57 600 115 200 Param2：停止位 0：1 位 1：2 位 Param3：校验位 0：None 1：Odd 2：Even 默认设置：9600,0,0	查询串口参数

2. 蓝牙 4.1 物联网模块 USR-BLE100

USR-BLE100 蓝牙模块引脚示意图见图 3-2，外接电源和串口线即可工作。USR-BLE100 模块是一款支持蓝牙 4.1 低功耗的物联网模块，工作电压范围为 1.9～5.5V。该模块主从一体，特点是支持 Mesh 组网模式，可以实现简单的自组网络。模块的默认 UART 口参数为：57600,n,8,1。下面介绍常用的 AT 指令用法。

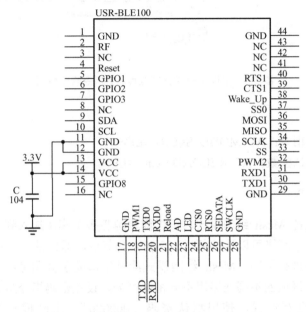

图 3-2　USR-BLE100 蓝牙模块引脚示意图

1）AT 指令模式

（1）进入 AT 指令模式：+++a。响应：a+ok <CR><LF>。

（2）退出 AT 指令模式：AT+ENTM<CR><LF>。响应：<CR><LF>+ENTM:OK<CR><LF>OK<CR><LF>。

（3）指令中的<CR>又称回车符，ASCII 码为 0x0D；<LF>又称换行符，ASCII 码为 0x0A。

2）主设备模式

主设备模式测试过程 AT 指令响应情况如图 3-3 所示。

（1）设置工作模式为主设备模式：AT+MODE=M<CR><LF>。响应：<CR><LF>+MODE:Master<CR><LF>OK<CR><LF>。

（2）开启搜索模式：AT+SCAN<CR><LF>。响应：搜到 2 个从设备，同时显示从设备的 MAC 地址和信号强度等信息。

（3）选择连接序号为 1 的从设备：AT+CONN=1<CR><LF>。响应：<CR><LF> +CONN:1<CR><LF>OK<CR><LF>。

（4）稍等模块重启，发送开机欢迎语：USR-BLE100 V1.0.4。

这说明主从设备配置成功，可以进行相互通信，即使断电后重新上电，也不需要再次设置，可直接进行通信，易于使用。

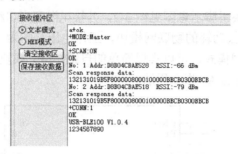

图 3-3　主设备模式测试过程 AT 指令响应情况

3）从设备模式

（1）设置从设备指令：AT+MODE=S<CR><LF>。

（2）恢复出厂默认参数：AT+RELOAD <CR><LF>。

4）Mesh 组网模式

USR-BLE100 支持 Mesh 组网模式，可以简单地将多个模块加入到网络中来。利用星形网络和中继技术，每个网络可以连接超过 65 000 个节点，即使某一个设备出现故障也会跳过并选择最近的设备进行传输。Mesh 组网模式测试串口助手截图见图 3-4，相同密码的模块连入 1 个网，同一区域的不同网络用不同密码区分，设置密码指令是 AT+PASS=xxxxxx，6 位密码。测试时没有设置，使用默认密码"000000"，组网模式指令为 AT+MODE=F<CR><LF>，此时模块会自动重启，发送开机欢迎语"USR-BLE100 V1.0.4"。其他模块同样设置，然后测试发送数据功能，待发送数据前要加 2 个冒号，当一个模块串口发送数据时，周围靠近的模块就会收到，然后将其输出到串口，并且将数据发送给周围未收到数据的模块，依次类推。当收到数据的设备需要回复时直接通过串口发送，最终第一次发送的模块会收到回复，完成网络内部通信。

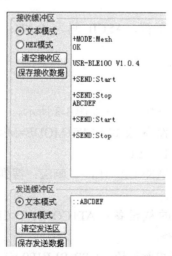

图 3-4　Mesh 组网模式测试串口助手截图

5）电池电量检测

USR-BLE100 为了实时获取电池的电量特意增加了测量功能，先对电池进行分压，在电池最大电量时分压一个 1.024V 的电压给模块的 22 引脚 AD。电池电量检测的功能需要使用 AT 指令进行打开：AT+BATEN=ON；然后可以通过 AT 指令进行电量的查询：AT+SHOW。电池电量测试串口助手截图见图 3-5，AD 引脚电压为 0.55V 时电池电量为10，当 AD 引脚电压为 0.96V 时电池电量为 89，电量值和电压不是线性关系，应该是经过换算的。

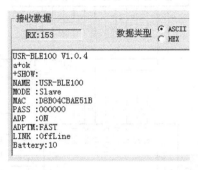

图 3-5　电池电量测试串口助手截图

3.1.3　蓝牙模块与手机、台式机连接方法

手机要连接蓝牙模块，首先应进入蓝牙设定界面，然后扫描蓝牙设备，发现蓝牙模块后单击进入配对界面，输入密码"1234"或"0000"，完成配对。

台式机需要安装蓝牙适配器，当蓝牙适配器插入台式机 USB 接口后会自动安装驱动，在设备管理器里可以看到蓝牙适配器。安装完成后，在"我的计算机"或"计算机"界面中会生成快捷图标"我的 Bluetooth"，单击蓝牙图标，界面打开后选择"添加 Bluetooth 设备"，给蓝牙模块上电，搜索蓝牙模块，搜索到后配对，配对完成后在"设备管理器"里的"端口"项中可以看到新模拟出的串口。如果无法完成上述步骤，则需要安装适配器自带的驱动软件。

3.2　手机蓝牙接口示波器电路原理

手机蓝牙接口示波器电路原理图见图 3-6，用单片机 STC15W4K16S4 的 10 位 A/D 转换和大容量内部 SRAM，加上蓝牙模块便可实现简易的低成本蓝牙示波器功能。主要原理是手机通过蓝牙模块发给单片机指令，确定波形采样频率，最大为 100kHz，单片机按采样频率采集数据并保存在内部 SRAM 中，采集一组数据后通过蓝牙模块发给手机，在手机界面上显示测量波形。

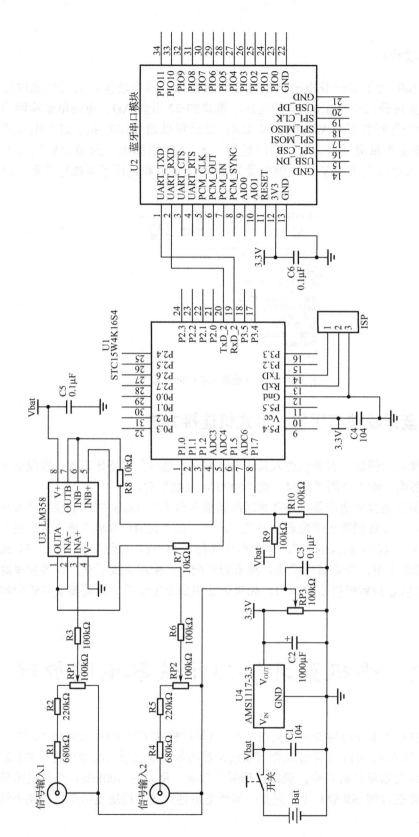

图3-6 手机蓝牙接口示波器电路原理图

3.2.1　信号采集

单片机 A/D 转换电压范围是 0～3.3V，为了能测量交流信号，把输入信号地端接 RP3 调节出的 1.65V，这样就能测到-1.65～+1.65V 的电压。为了扩大测量范围，加入了电阻降压网络 R1、R2、R4、R5、RP1 和 RP2，测量范围可达到 60V 的电压；再加上示波器探头有×10 挡（放大 10 倍），最大可测到 600V 电压。LM358 是双运放，接成电压跟随器方式，主要作用是提高输入阻抗，使示波器输入阻抗达 1MΩ，与标准示波器探头匹配。当输入信号过大时，运放能够限制输入到单片机的信号幅度，起到保护单片机的作用。共有 2 个信号输入端，组成双踪示波器，可以比较 2 路信号的相位关系。

3.2.2　数据转发

单片机 STC15W4K16S4 内部振荡器频率选 22.1184MHz，提高 A/D 转换速度，8 通道10 位 A/D 转换器使用的 ADC3、ADC4 采集 2 路电压波形，每次采集 240 点，使用 ADC6采集电池电压，监视电池电量。单片机和蓝牙模块的串口通信使用了[P3.6/RxD,P3.7/TxD]，[P3.0/RxD,P3.1/TxD]用于编程。

3.3　手机蓝牙接口示波器软件编程

3.3.1　通信协议

先确定蓝牙示波器使用方法，示波器使用时先打开电源，手机打开蓝牙，然后运行示波器软件，先连接蓝牙模块，连接成功后开始采集数据。

1. 手机发送 4 个字节数据

（1）首字节固定为 0xDB。
（2）第 2 字节用于设定参数，字节前 4 位表示数据采集模式：
● 0——采集电池电压。
● 1——采集单通道数据。
● 2——采集双通道数据。
字节后 4 位表示量程：
● 0——输入电压范围±15V。
● 1——输入电压范围±60V。
（3）第 3 和 4 字节用于设定定时器 1 的 TH1 和 TL1，改变采集频率。

2. 单片机回复数据

（1）采集电池电压模式回复 3 个字节数据：0xDB0x00 电压值。

（2）单通道模式回复 240 个字节电压数据。

（3）双通道模式回复 480 个字节电压数据，前 240 个字节为通道 1 数据，后 240 个字节为通道 2 数据。

3.3.2　单片机 C 程序

为了提高 A/D 转换速度，主时钟选内部 22.1184MHz；P1 口作为 A/D 转换功能引脚需设置为仅为输入模式；模数转换精度是 10 位，手机显示用 8 位就可以了，利用 2 位的差别可以实现 4 倍的数字变量程功能。硬件量程为±60V，对应转换后的数字是 0～1023，除以 4 后的范围是 0～255；输入信号在±15V 范围内时，转换后的数字是 384～639，减去 384 后的范围还是 0～255。这样就实现了数字变量程的功能。有了两种量程选择，再配合示波器表笔上带的硬件变量程，使用的时候有 4 种量程选择，即±15V、±60V、±150V 和±600V。

程序源代码如下：

```
#include "STC15Wxx.h"                       //头文件
#include<string.h>                          //函数库
#define MAIN_Fosc  22118400L                //定义主时钟
#define T1ms (65536-MAIN_Fosc/1000)         //1T 模式
unsigned int sn;                            //发送数据字节总数
unsigned int sp;                            //发送数据位置
unsigned char xdata tbuf[480];              //发送缓冲区
bit rnew;                                   //接收新数据完成标志
bit ring;                                   //正在接收新数据标志
unsigned char t1;                           //接收数据计时，超时即 1 帧数据结束
unsigned char rn;                           //接收数据位置
unsigned char rbuf[10];                     //接收缓冲区
bit Dub;                                    //双通道标志
bit HL;                                     //挡位标志
bit Flag;                                   //完成标志
unsigned int adn;                           //采集计数
unsigned char xdata ad0[500];               //采集数据缓冲区
unsigned char xdata ad1[500];               //采集数据缓冲区
//=======================================================
//函数：GPIO_Init()
//说明：初始化端口
//PxM1.n,PxM0.n =00--->Standard,   01--->push-pull
//              =10--->pure input, 11--->open drain
//=======================================================
void GPIO_Init (void)
{
    P0M1 = 0x00;   P0M0 = 0x00;             //设置 P0 为准双向口
```

```
    P1M1 = 0xFF;    P1M0 = 0x00;            //设置 P1 仅为输入
    P3M1 = 0x00;    P3M0 = 0x00;            //设置 P3 为准双向口
}
//=========================================================
//函数：Timer_Uart_Init()
//说明：设置 Timer2 做波特率发生器，Timer0 做 1ms 定时器
//=========================================================
void  Timer_Uart_Init(void)
{
    //定时器 0 定时中断
    AUXR = 0xC5;                            //定时器 0 为 1T 模式
    TMOD = 0x00;                            //设置定时器为模式 0
    TL0 = T1ms;                             //初始化计时值
    TH0 = T1ms >> 8;
    TR0 = 1;                                //定时器 0 开始计时
    ET0 = 1;                                //使能定时器 0 中断
    ET1 = 1;                                //使能定时器 1 中断
    PT1 = 1;                                //优先级最高，保证采集间隔
    //定时器 2 产生波特率    115200
    SCON = 0x50;                            //8 位数据，可变波特率
    T2L = 0xD0;                             //设定定时初值
    T2H = 0xFF;                             //设定定时初值
    ES = 1;                                 //允许中断
    REN = 1;                                //允许接收
    P_SW1 &= 0x3F;
    P_SW1 |= 0x40;                          //0x40:串口 1 使用 P3.6 和 P3.7
    AUXR |= 0x10;                           //启动定时器 2
}


//=========================================================
//函数：AD_Init()
//说明：初始化 A/D 转换，最快单次 245kHz，双路约 100kHz
//=========================================================
void AD_Init(void)
{
    P1ASF = 0x58;                           //配置 P1.3、P1.4、P1.6 为 A/D 转换
    ADC_CONTR=0xE3;                         //打开 A/D 转换电源，转换速度 90 个时钟
}
//=========================================================
//main:主函数
//=========================================================
void main(void)
{
    unsigned int i;
    unsigned int m;
    unsigned int n;
    GPIO_Init();                            //初始化端口
```

```
Timer_Uart_Init();                      //初始化定时器和串口
AD_Init();                              //初始化 A/D 转换
EA = 1;                                 //开启中断
while(1)
{
    if(rnew)                            //有新数据
    {
        rnew=0;
        if(rbuf[0]==0xDB)               //检查首字节
        {
            rbuf[0]=0;
            if(rbuf[1]<0x10)            //测电池电压模式
            {
                ADC_CONTR=0xEE;
                while((ADC_CONTR&0x10)!=0x10);
                tbuf[0]=0xDB;
                tbuf[1]=0x02;
                tbuf[2]=ADC_RES;
                sn=3;
                sp=0;
                SBUF=tbuf[0];
            }
            else
            {                           //数据采集模式
                if((rbuf[1]&0x10)==0x10) Dub=0;
                else Dub=1;
                if((rbuf[1]&0x01)==0x01) HL=1;
                else HL=0;
                TL1 = rbuf[3];          //设置定时初值
                TH1 = rbuf[2];          //设置定时初值
                Flag=0;                 //标志位清零
                TF1=0;
                adn=0;
                TR1=1;                  //启动采集定时器 1
            }
        }
    }
    if(Flag)
    {
        Flag=0;
        if(!HL)                         //60V 挡位，取 10 位 A/D 转换值前 8 位
        {
            for(i=0;i<240;i++)
            {
                n=i<<1;
                tbuf[i]=ad0[n];         //前 240 个通道 1 数据
                tbuf[240+i]=ad1[n];     //后 240 个通道 2 数据
```

```
                    }
                }
            else
            {
                for(i=0;i<240;i++)
                {
                    n=i<<1;
                    m=ad0[n];
                    m<<=2;
                    m+=ad0[n+1];
                    if(m>383)m-=384;
                    else m=0;
                    tbuf[i]=m;
                    if(Dub)
                    {
                        m=ad1[n];
                        m<<=2;
                        m+=ad1[n+1];
                        if(m>383)m-=384;
                        else m=0;
                        tbuf[240+i]=m;
                    }
                }
            }
            if(Dub) sn=480;              //双通道发 480 字节数据
            else sn=240;                 //单通道发 240 字节数据
            sp=0;
            SBUF=tbuf[0];                //发送采集到的数据
        }
    }
}
//========================================================
//函数：tm0_isr() interrupt 1
//说明：定时器 0 中断函数，1ms
//========================================================
void tm0_isr() interrupt 1
{
    if (ring) t1++;                     //正在接收新数据的状态下对数据间隔计时
    else t1=0;
    if(t1>100)                          //如果 100ms 内无新数据，判为一帧数据结束
    {
        rnew=1;                         //置位有新数据标志
        ring=0;                         //标志位清零，可以接收新数据
        rn++;                           //接收数据字节数修正
    }
}
//========================================================
```

```
//函数：tm1_isr() interrupt 3
//说明：定时器1中断函数，定时采集数据
//=====================================================
void tm1_isr() interrupt 3
{
    unsigned int n;
    ADC_CONTR=0xEB;                        //采集 ADC3
    while((ADC_CONTR&0x10)!=0x10);
    n=adn<<1;
    ad0[n]=ADC_RES;
    ad0[n+1]=ADC_RESL;
    if(Dub)
    {
        ADC_CONTR=0xEC;                    //双通道模式采集 ADC4
        while((ADC_CONTR&0x10)!=0x10);
        ad1[n]=ADC_RES;
        ad1[n+1]=ADC_RESL;
    }
    adn++;
    if(adn>240)
    {
        TR1=0;                             //采集数据完成，停止定时器1
        Flag=1;
    }
}
//=====================================================
//函数：COMInt(void) interrupt 4
//说明：通信中断子程序
//=====================================================
void COMInt(void) interrupt 4
{
    unsigned char t;                       //临时量
    if(RI)
    {
        t=SBUF;                            //读入数据
        RI=0;
        t1=0;                              //数据间隔计时清零
        if(!ring)
        {
            ring=1;
            rn=0;                          //清零
            rbuf[rn]=t;                    //保存数据
        }
        else
        {
            rn++;                          //读取 FIFO 的数据，并清除中断
            if(rn<10) rbuf[rn]=t;
```

```
        }
    }
    else                            //TI=1
    {
        TI=0;                       //标志位清零
        sp++;                       //指针加 1
        if(sp<sn)  SBUF=tbuf[sp];   //发送数据
    }
}
```

3.3.3　手机 Android 程序

手机侧 Android Studio 程序示例仅供参考，可直接安装 APP 程序测试。上电后不接信号输入，打开手机蓝牙，运行手机上的软件，测试的结果应该显示直线，且直线在中间位置，否则调节 RP3 使测试直线显示到中间位置，然后 2 路输入同样的 10V 直流电压信号，调节 RP1、RP2，使直线显示到离中间 1 格的位置，调整完毕。图 3-7 是单通道测试时的手机截屏图，波形周期横向约占 2 格就是 20ms，与测试工频信号周期一致，幅值约为 20V。

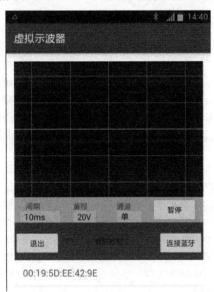

图 3-7　单通道测试手机截屏图

```
//Android Studio 示例程序
package zhou.ch.s.myosc;
import android.graphics.Bitmap;
import android.graphics.Canvas;
import android.graphics.Color;
import android.graphics.Paint;
import java.io.IOException;
import java.io.InputStream;
import java.io.OutputStream;
```

```
import java.util.ArrayList;
import java.util.Set;
import java.util.UUID;
import android.bluetooth.BluetoothSocket;
import android.os.Bundle;
import android.bluetooth.BluetoothAdapter;
import android.bluetooth.BluetoothDevice;
import android.content.Intent;
import android.os.Handler;
import android.os.Message;
import android.support.v7.app.AppCompatActivity;
import android.view.View;
import android.widget.AdapterView;
import android.widget.ArrayAdapter;
import android.widget.Button;
import android.widget.ImageView;
import android.widget.ListView;
import android.widget.Spinner;
import android.widget.TextView;
public class MainActivity extends AppCompatActivity implements AdapterView.
OnItemClickListener,View.OnClickListener{
    //定义控件
    ListView lv;                                    //列表显示蓝牙 MAC 地址
    TextView lbState;                               //状态显示
    Button btConnect,btExit,btStart;                //按键
    Spinner selSt,selSu,selSc;                      //挡位、周期选择
    ImageView img;                                  //图形控件，显示曲线
    //变量定义
    private BluetoothAdapter BA;                    //蓝牙适配器
    private BluetoothDevice btDev;                  //蓝牙器件
    private BluetoothSocket BS = null;              //蓝牙 socket
    private Set<BluetoothDevice>pairedDevices;      //配对蓝牙
    private ConnectThread st;                       //连接线程
    private Handler myhandler;                       //信息通道
    private ConnectedThread rt;                     //数据通信线程
    private String item;
    private boolean isConnect;
    private Bitmap bitmap;                          //图形文件格式
    private Canvas canvas;                          //画布
    private Paint paint;                            //画笔
    UUID uuid = UUID.fromString("00001101-0000-1000-8000-00805F9B34FB");
    private byte[] Cmd={
            (byte)0xDB,(byte)0x00,(byte)0x15,(byte)0xA0,(byte)0x00
    };
    public byte rev[] = new byte[480];             //存放数据
    public short rev1[] = new short[240];          //存放 1 组数据
    public short rev2[] = new short[240];          //存放 2 组数据
```

```java
public Integer len,lenh;
public Integer i;
public boolean ii=true;
public boolean Dub=false;
@Override
protected void onCreate(Bundle savedInstanceState) {
    super.onCreate(savedInstanceState);
    setContentView(R.layout.activity_main);
    img = (ImageView) findViewById(R.id.idImage);
    lbState=(TextView)findViewById(R.id.idState);
    btConnect=(Button)findViewById(R.id.idConnect);
    btExit=(Button)findViewById(R.id.idExit);
    btStart=(Button)findViewById(R.id.idStart);
    selSt=(Spinner)findViewById(R.id.idSt);
    selSu=(Spinner)findViewById(R.id.idSu);
    selSc=(Spinner)findViewById(R.id.idSc);
    btConnect.setOnClickListener(this);
    btExit.setOnClickListener(this);
    btStart.setOnClickListener(this);
    BA = BluetoothAdapter.getDefaultAdapter();
    lv = (ListView)findViewById(R.id.listView1);
    lv.setOnItemClickListener(this);
    myhandler = new MyHandler();           //实例化 Handler, 用于进程间的通信
    btStart.setEnabled(false);
}
public void open(){
    pairedDevices = BA.getBondedDevices();
    ArrayList list = new ArrayList();
    if (!BA.isEnabled()) {
        Intent turnOn =
         new Intent(BluetoothAdapter.ACTION_REQUEST_ENABLE);
        startActivityForResult(turnOn, 0);
        lbState.setText("打开蓝牙");
    }
    else{
        lbState.setText("蓝牙已打开");
    }
    for(BluetoothDevice bt : pairedDevices) list.add(bt.getAddress());
    lbState.setText("选择蓝牙装置");
    final ArrayAdapter adapter =
     new ArrayAdapter(this,android.R.layout.simple_list_item_1, list);
    lv.setAdapter(adapter);
}
public void onItemClick
    (AdapterView<?> parent,View view,int position,long id){
    TextView txv=(TextView)view;
    item=txv.getText().toString();
```

```
        try {
            btDev = BA.getRemoteDevice(item);
        } catch (Exception e) {
            lbState.setText("获取设备失败");
        }
        st = new ConnectThread(btDev);
        st.start();
    }
    //按键处理
    public void onClick(View v) {
        switch (v.getId()){
            case R.id.idConnect:                //连接蓝牙装置
                open();
                break;
            case R.id.idExit:                   //退出
                finish();
                break;
            case R.id.idStart:                  //显示与暂停切换
                if(ii){
                    ii=false;
                    btStart.setText("暂停");
                    send();
                }
                else{
                    ii=true;
                    btStart.setText("开始");
                }
                break;
        }
    }
    //连接蓝牙装置线程
    private class ConnectThread extends Thread {
        public ConnectThread(BluetoothDevice BtD) {
            BS=null;
            try {                               //定义通信连接类型
                BS=BtD.createRfcommSocketToServiceRecord(uuid);
                Message msg0 = myhandler.obtainMessage();
                msg0.what = 0;
                myhandler.sendMessage(msg0);
            } catch (Exception e) {
                lbState.setText("连接失败"+e.getMessage());
            }
        }
        public final void run() {
            BA.cancelDiscovery();
            try {
                BS.connect();                   //建立通信连接
```

```
            isConnect = true;
            rt = new ConnectedThread(BS); //建立连接后启动建立数据通道线程
            rt.start();
            Message msg4 = myhandler.obtainMessage();
            msg4.what =4;
            myhandler.sendMessage(msg4);
        } catch (IOException e1) {
            isConnect = false;            //关闭 socket
            try {
                BS.close();
                BS = null;
            } catch (IOException e2) {
                Message msg3 = myhandler.obtainMessage();
                msg3.what =3;
                msg3.obj="失败"+e2.getMessage();
                myhandler.sendMessage(msg3);
            }
        }
    }
}
//在主线程处理 Handler 传回来的 message
   class MyHandler extends Handler {
       public void handleMessage(Message msg) {
           switch (msg.what) {
           case 0:
               lbState.setText("配对成功");
               break;
           case 3:
               lbState.setText(msg.obj.toString());
               break;
           case 4:
               lbState.setText("已连接");
               btStart.setEnabled(true);
               break;
           case 5:
               if(len == 3){
                   lbState.setText("电池电压: ");
                   if(!ii) send();          //发送命令，采集下一帧数据
                   else  lbState.setText("暂停");
               }
               if(len == 240){
                   Dub=false;
                   for(i=0;i<240;i++) {
                       rev1[i]=(short)rev[i];
                       if(rev1[i]<0) rev1[i]+= 256;        //去符号
                       rev1[i]=(short)(512-2*rev1[i]);     //调整显示比例
                   }
```

```
                            Show();
                            lbState.setText("收到数据");
                        }
                        if(len == 480){
                            Dub=true;
                            for(i=0;i<240;i++) {      //数据分别去符号，存入 2 个整形数组
                                rev1[i]=(short)rev[i];                    //分开存放
                                rev2[i]=(short)rev[240+i];
                                if(rev1[i]<0) rev1[i]+= 256;            //去符号
                                if(rev2[i]<0) rev2[i]+= 256;
                                rev1[i]=(short)(512-2*rev1[i]);        //调整显示比例
                                rev2[i]=(short)(512-2*rev2[i]);
                            }
                            Show();
                            lbState.setText("收到数据");
                        }
                        len = 0;
                        break;
                    }
                }
            }
//发送数据
public void send(){
    switch(selSc.getSelectedItemPosition()){
        case 0:{                                              //单通道模式
            Cmd[1]=(byte)((Cmd[1] & 0x0F) | 0x10);
            lenh=235;
            break;
        }
        case 1:{                                              //双通道模式
            Cmd[1]=(byte)((Cmd[1] & 0x0F) | 0x20);
            lenh=475;
            break;
        }
        default:{                                             //电池电压
            Cmd[1]=(byte)(Cmd[1] & 0x0F);
            lenh=2;
            break;
        }
    }
    switch(selSu.getSelectedItemPosition()){                  //挡位
        case 0:{
            Cmd[1]=(byte)(Cmd[1] | 0x01);                     //低挡
            break;
        }
        default:{
            Cmd[1]=(byte)(Cmd[1] & 0xF0);                     //高挡
```

```
            break;
        }
    }
    switch(selSt.getSelectedItemPosition()){              //周期
        case 0:{
            Cmd[2]=(byte) 0xFF;              //10μs, 对应 1 格 0.5ms
            Cmd[3]=(byte) 0x23;
            break;
        }
        case 1:{
            Cmd[2]=(byte) 0xFE;              //20μs, 对应 1 格 1ms
            Cmd[3]=(byte) 0x46;
            break;
        }
        case 2:{
            Cmd[2]=(byte) 0xFC;
            Cmd[3]=(byte) 0x8B;
            break;
        }
        case 3:{
            Cmd[2]=(byte) 0xF7;
            Cmd[3]=(byte) 0x5C;
            break;
        }
        case 4:{
            Cmd[2]=(byte) 0xEE;
            Cmd[3]=(byte) 0xB8;
            break;
        }
        case 5:{
            Cmd[2]=(byte) 0xDD;
            Cmd[3]=(byte) 0x71;
            break;
        }
        case 6:{
            Cmd[2]=(byte) 0xA9;
            Cmd[3]=(byte) 0x9A;
            break;
        }
        default:{
            Cmd[2]=(byte) 0x53;
            Cmd[3]=(byte) 0x33;
            break;
        }
    }
    len = 0;
    rt.write(Cmd);                                        //发送控制数据
```

```java
    }
    //数据输入输出线程
    private class ConnectedThread extends Thread {
        private final BluetoothSocket mmSocket;
        private final InputStream mmInStream;
        private final OutputStream mmOutStream;
        public ConnectedThread(BluetoothSocket socket) {
            mmSocket = socket;                              //socket 连接
            InputStream tmpIn = null;
            OutputStream tmpOut = null;
            try {                                          //数据通道创建
                tmpIn = mmSocket.getInputStream();
                tmpOut = mmSocket.getOutputStream();
            } catch (IOException e) { }
            mmInStream = tmpIn;
            mmOutStream = tmpOut;
        }
        public final void run() {
            byte[] buffer = new byte[1024];                //接收数据存放位置
            while (true) {
                int byt,mm;
                try {                                      //监听接收到的数据
                    byt = mmInStream.read(buffer);
                    for(mm=0;mm<byt;mm++)  rev[len+mm]=buffer[mm];
                    len = len+byt;                         //数据分段接收，字节数累计
                    if(len>lenh) {
                        Message msg5 = myhandler.obtainMessage();
                        msg5.what = 5;
                        myhandler.sendMessage(msg5);
                    }                                      //通知主线程接收到数据
                } catch (IOException e) {
                    break;
                }
            }
        }
        public void write(byte[] bytes) {                  //发送字节数据
            try {
                mmOutStream.write(bytes);
            } catch (IOException e) { }
        }
        public void cancel() {
            try {
                mmSocket.close();
            } catch (IOException e) { }
        }
    }
    //显示波形
```

```java
    public void Show() {                        //创建一个新的 bitmap 对象
        if (bitmap == null) {                   //宽、高使用界面布局中 ImageView 对象的宽、高
            bitmap=Bitmap.createBitmap(img.getWidth(),img.getHeight(),
Bitmap.Config.RGB_565);
        }
        canvas = new Canvas(bitmap);            //根据 bitmap 对象创建一个画布
        canvas.drawColor(Color.BLUE);           //设置画布背景色为白色
        paint = new Paint();                    //创建一个画笔对象
        paint.setStrokeWidth(8);                //设置画笔的线条粗细为 8 磅
        paint.setColor(Color.BLACK);            //画外框
        canvas.drawLine(0,0,736,0,paint);
        canvas.drawLine(0,512,736,512,paint);
        canvas.drawLine(0,0,0,512,paint);
        canvas.drawLine(736,0,736,512,paint);
        paint.setStrokeWidth(2);                //设置画笔的线条粗细为 2 磅
        paint.setColor(Color.GRAY);             //画背景网格
        for(char i=0;i<5;i++){
            canvas.drawLine(0,100*i+56,736,100*i+56,paint);
        }
        paint.setStrokeWidth(5);                //设置画笔的线条粗细为 5 磅
        canvas.drawLine(0, 256, 736, 256,paint);
        paint.setStrokeWidth(2);                //设置画笔的线条粗细为 2 磅
        for(char i=0;i<5;i++){
            canvas.drawLine(150*i+68,0,150*i+68,512,paint);
        }
        paint.setColor(Color.RED);              //画通道 1 曲线
        for(char i=2;i<240;i++){
            canvas.drawLine(3*(i-1)+8,rev1[i-1],3*i+8,rev1[i],paint);
        }
        if(Dub) {
            paint.setColor(Color.WHITE);
            for (char i = 2; i < 240; i++) {
                canvas.drawLine(3*(i-1)+8,rev2[i-1],3*i+8,rev2[i],paint);
            }
        }
        img.setImageBitmap(bitmap);             //在 ImageView 中显示 bitmap
        if(!ii) send();                         //发送命令，采集下一帧数据
        else  lbState.setText("暂停");
    }
}
```

第 4 章　RS485 接口温度传感器

传统的温度传感器使用热电阻或热电偶作为测温元件，优点是测温范围宽、精度高，温度信号转为直流 4mA～20mA 信号传给 PLC 或 DCS 系统；缺点是成本高。使用数字测温元件 DS18B20，设计具有 RS485 总线的温度传感器，在 100℃以下的常温测量应用中，具有成本低、功耗低、抗干扰性能优良和能远距离测温等优点。

4.1　温度传感器电路原理

4.1.1　常用数字测温元件

1．数字温度传感器 LM75A

电源电压范围 2.8～5.5V，sop8 封装，温度范围-55℃～+125℃，分辨率为 0.125℃，I^2C 总线接口，同一总线最多可接 8 个器件，总线地址内部连线预设高 4 位为"1001"，低 3 位由引脚 A2～A0 外接电平定义，同一总线上 A2～A0 地址不能重复。LM75A 内部有 4 个寄存器，一般只读取温度寄存器的温度值，温度寄存器的高 11 位有效，低 5 位忽略，最高位是符号位，如果只要整数温度值，保留高 8 位数据即可。

LM75A 的特点是使用常用的 I^2C 总线，一般单片机都支持，编程简单，内部自动每 100ms 转换一次温度，温度转换及读取温度数据过程较快。

2．单总线温度传感器 DS18B20

电源电压范围 3～5.5V，TO-92 封装，温度范围-55℃～+125℃，参数和 LM75A 差不多，不同之处是使用单总线；使用屏蔽双绞线当引线时，测温距离可达 150m。每个 DS18B20 有唯一的序列号，同一条总线可带多个传感器，这种功能较少使用，主要是因为读取温度代码过于复杂。DS18B20 有寄生电源供电功能，就是电源 VCC 接地，用信号线供电，这种情况对信号线的操作要求较高，温度转换过程需要强制上拉，程序代码变复杂了，故不推荐使用寄生电源供电功能。

和 LM75A 相比，DS18B20 温度转换偏慢，约 750ms，读温度数据时需要单片机引脚模拟单总线时序，需要对单总线时序有较深入的理解；优点是接线简单，可远距离测温，在工业环境中抗干扰性能表现比较好。

4.1.2　电路原理说明

DS18B20 测温距离能达到 100 多米，但在有些场合还是不够远，而且 PLC 和 DCS 也无法接单总线，要用 DS18B20 做成有通用仪表接口的温度传感器，常用的接口就是 DC4-20mA 和 RS485，用 RS485 接口成本低、应用范围广。RS485 接口温度传感器电路图如图 4-1 所示，电路板尺寸为 30mm×6mm，DS18B20 平放在电路板顶端，总长度约 37mm，焊接、测试好的电路板引出 4 根线，然后封装在直径 ϕ10mm、长度 50mm 的不锈钢管内，就变成可现场应用的温度传感器了。注意封装前 DS18B20 位置和管壁间放导热硅脂，以提高温度传感器的灵敏度和响应速度。

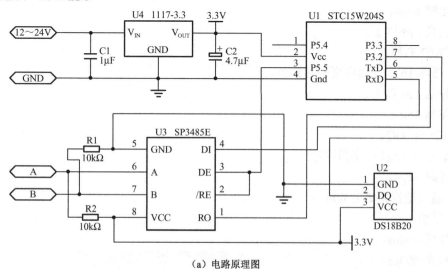

（a）电路原理图

（b）电路 PCB 图

图 4-1　RS485 接口温度传感器电路图

传感器电路由单片机 STC15W204S，以及测温元件 DS18B20、SP3485E 和稳压电路组成，电源稳压电路使用低压差稳压器 1117-3.3，输入电压在 12～24V 范围内时输出 3.3V 给电路供电。单片机 P5.5 脚控制 RS485 通信的发送与接收，初始状态是低电平，当接收数据后需要发送数据时置 P5.5 为高电平，发送完数据再变为低电平接收数据，引脚 P3.2 模拟单总线读取 DS18B20，具体步骤如下。

```
unsigned char CMD;          //命令码
unsigned int tt;            //温度数据
sbit DQ=P3^2;               //温度采集端
```

（1）复位。

① 拉低 600μs（要求 480～960μs）。

② 拉高 600μs（要求>480μs）。

（2）循环 8 次，写入 CMD=0xCC，发送忽略 ROM 匹配命令。

① 拉低 1μs 以上。

② DQ=CMD 低位数据。

③ 延时 60μs。

④ 拉高 1μs 以上。

⑤ CMD 右移。

（3）循环 8 次，写入 CMD=0xBE，发读温度寄存器命令。

① 拉低 1μs 以上。

② DQ=CMD 低位数据。

③ 延时 60μs。

④ 拉高 1μs 以上。

⑤ CMD 右移。

（4）循环 16 次，读温度寄存器值。

① 拉低 1μs 以上。

② 拉高 15μs。

③ tt 高位=DQ。

④ tt 右移（最后一次不移位）。

⑤ 延时 45μs。

（5）温度数据采集完处理。

（6）复位。

① 拉低 600μs。

② 拉高 600μs。

（7）循环 8 次，写入 CMD=0xCC，发送忽略 ROM 匹配命令。

① 拉低 1μs 以上。

② DQ=CMD 低位数据。

③ 延时 60μs。

④ 拉高 1μs 以上。

⑤ CMD 右移。

（8）循环 8 次，写入 CMD=0x44，发读温度转换命令。

① 拉低 1μs 以上。

② DQ=CMD 低位数据。

③ 延时 60μs。

④ 拉高 1μs 以上。

⑤ CMD 右移。

以上步骤是放在循环周期为 1s 的定时程序中，每次采集的温度值是上次温度转换的结果，这样做的目的是为了避免先转换后读取所需要的等待，只是首次读取数据是无效的。

4.2　单片机串口转 RS485

4.2.1　RS485 总线通信特点及现场敷设注意事项

RS485 总线使用差分电平传输信号，抗共模干扰性能好。RS485 只能工作于发送或接收状态，属于半双工通信，为防止总线上数据叠加，采用一主多从的通信方式，主机发送带地址的数据，只有符合地址的从机做出反应，主机、从机在总线上接线方式是相同的，A 接 A，B 接 B，主机、从机的区分是靠通信协议编程来区分的，主动发送信息的是主机，被动接收、返回信息的是从机。

RS485 通信线使用双绞线，波阻抗为 120Ω，线路较长时需要在末端接匹配电阻，阻值为 120Ω，减少行波反射造成的干扰。多个设备接在总线上，避免使用星型接线方式，如无法避免又出现数据不稳定时，可考虑用 RS485 集线器，线路过长时数据不稳定可在合适位置加 RS485 中继器。

4.2.2　RS485 集成电路与单片机接口

1. 无光电隔离时的标准接法

从图 4-1 可以看出，标准的接法是单片机发送、接收端分别接 SP3485E 芯片 DI 端、RO 端，数据方向控制接 SP3485E 芯片/RE 和 DE 端。当/RE 和 DE 端低电平时，RS485 集成电路处于接收状态，将 A、B 端的差分信号转为 TTL 信号通过 RO 端传给单片机的 RxD 端；当/RE 和 DE）端高电平时，RS485 集成电路处于发送状态，DI 端将单片机 TxD 端信号转为差分信号从 A、B 端输出。用逻辑分析仪抓取的 RS485 集成电路输出端波形如图 4-2 所示。

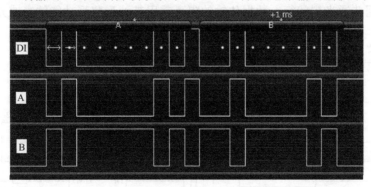

图 4-2　RS485 集成电路输出端波形

测试时的数据是 0x41、0x42，RS485 集成电路 A 端波形与 DI 端波形一致，B 端则相反。A 端与 B 端的差代表 RS485 集成电路输出的数据状态，外部干扰可能会影响 A 端或 B 端的波形，但不容易改变 A、B 间差值的极性，这就是 RS485 抗干扰的原理。

2. 自动控制数据传输方向的接法

经常能见到不用方向控制的接法，尤其是在 RS232 转 RS485 的时候。自动控制数据传输方向的 RS485 接法如图 4-3 所示，实现了数据传输方向自动控制，其原理是：接收数据状态时，TxD 为高电平，Q1 导通，/RE 和 DE 低电平，RS485 集成电路处于接收状态；发送数据状态时，如果发送 1，还是 TxD 为高电平，Q1 导通，/RE 和 DE 低电平，RS485 集成电路处于接收状态，此时 A、B 端外接电阻的存在使得 A 端被拉高、B 端被拉低，从电位上是等效为发送 1 的；如果发送 0，TxD 为低电平，Q1 截止，/RE 和 DE 高电平，RS485 集成电路处于发送状态，因 DI 端接地，发送数据为 0。

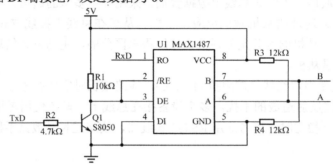

图 4-3　自动控制数据传输方向的 RS485 接法示意图

这种自动控制数据传输方向的接法很巧妙，但不规范，从其工作原理可以看出，发送数据 1 时，外部电位的变化不是靠电路内部的强制上拉和下拉完成，而是靠外部电阻的弱上拉、下拉完成。这种接法带载能力差，单独测试没问题，在长线路、多台设备接入或干扰严重的环境下应谨慎使用。

3. 光电隔离接法

RS485 通信加光电隔离，主要是为了避免从外部电路串入高电压或干扰源，影响主电路板上其他功能部件的运行，带光电隔离的 RS485 转换电路原理图如图 4-4 所示。控制数据传输方向的隔离用普通光耦就行，数据传输的隔离需用带波形整形功能的高速光耦，光耦输出属于开漏输出，外部加 10kΩ上拉电阻。

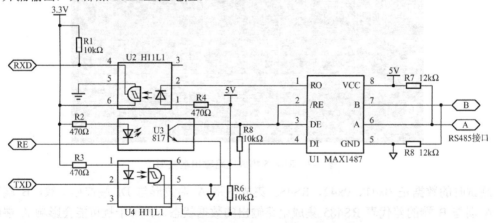

图 4-4　带光电隔离的 RS485 转换电路原理图

4.3　单片机实现 Modbus 协议

Modbus 协议是由 Modicon 公司（现为施耐德电气公司的一个品牌）发明的，用户可以免费使用，加上格式简单、紧凑，通俗易懂等特点，广泛应用于各种数据采集和过程监控系统，已经成为一种通用工业标准。Modbus 协议传输模式可选择 ASCII 或 RTU，默认是 RTU。

4.3.1　Modbus/RTU 协议格式

Modbus/RTU 模式通信数据帧格式如表 4-1 所示，地址码是标识接在同一 RS485 总线上不同从机的编号，只有符合地址码的从机才能响应并根据命令回送信息。地址码占一个字节，从 0 到 255，要求从机地址码不能重复，当有 2 个从机地址码一样时，会同时反馈数据给主机，主机收到杂乱数据会因为校验通不过而舍弃。

表 4-1　通信数据帧格式

地　址　码	功　能　码	数　据　区	CRC 校验
1 字节	1 字节	N 字节	2 字节

Modbus/RTU 模式常用功能码如表 4-2 所示，其中 01、02、05 都是位操作，线圈可理解为 PLC 中的线圈，代表输出继电器或中间继电器的位状态，编程时一般是通过内部逻辑控制继电器的输出。功能码 05 可以直接控制继电器的输出，应谨慎使用。输入状态指数字量输入（DI）状态，03、04、06、10 都是寄存器操作，区别是 03、06、10 的操作对象是保持寄存器，相当于 PLC 中的 4000X 寄存器，04 的操作对象是输入寄存器，相当于 PLC 中的 3000X 寄存器，只读。

表 4-2　常用功能码

功　能　码	功　　能	作　　用	数　据　类　型
01	读	读取线圈状态	bit
02	读	读取输入状态	bit
03	读	读取保持寄存器	Int，long，float
04	读	读取输入寄存器	Int，long，float
05	写	强置单线圈	bit
06	写	写单路寄存器	Int，long，float
10	写	写多路寄存器	Int，long，float

4.3.2　CRC 校验

CRC 校验占两个字节（CRCH 和 CRCL），发送数据前对地址码、功能码和数据区内容计算，发送时加入到数据帧后两位，CRCL 在前，CRCH 在后。接收端收到数据后按同样步骤计算 CRC，并与接收到的 CRC 比较，如相同说明数据有效，继续解析协议获得数据，如不同则说明数据无效。CRC 校验步骤如下：

（1）预置一个 16 位 CRC 寄存器 0xFFFF。

（2）把待校验数据第一个字节与 CRC 进行异或运算，结果放入 CRC 寄存器。

（3）CRC 寄存器向右移一位，用 0 填补最高位，检查移出位。

（4）若向右移出的数位是 0，则返回步骤（3），若向右（标记位）移出的数位是 1，则 CRC 寄存器与 0xA001 进行异或运算。

（5）重复步骤（3）和（4），直至移出 8 位。

（6）重复步骤（2）～（5），进行待校验数据下一字节处理。

（7）所有字节处理完毕，最后得到的 CRC 寄存器内容即 CRC 码。

4.4　温度传感器源代码及说明

4.4.1　温度传感器 C 程序

程序源代码如下：

```
#include "STC15Wxx.h"                  //头文件
#include<string.h>                     //函数库
#define MAIN_Fosc 11059200L            //定义主时钟
#define T1ms (65536-MAIN_Fosc/1000)    //1000μs
unsigned char sn;                      //发送数据字节总数
unsigned char sp;                      //发送数据位置
unsigned char tbuf[20];                //发送缓冲区
bit rnew;                              //接收新数据完成标志
bit ring;                              //正在接收新数据标志
unsigned char t1;                      //接收数据计时，超时即1帧数据结束
unsigned char rn;                      //接收数据位置
unsigned char rbuf[20];                //接收缓冲区
union fs
{
    float f;                           //浮点数
    unsigned char s[4];                //浮点数对应数组
}a;
//寄存器，0：Addr, 1：Band, 3：温度整数位, 4 至 5：温度 x10, 6 至 9：浮点
unsigned char reg[10];
```

```
unsigned int t0;                              //1s 计时
sbit RE=P5^5;                                 //RS485 控制
sbit DQ=P3^2;                                 //温度采集端
//E2PROM 操作
#define CMD_IDLE     0                        //空闲模式
#define CMD_READ     1                        //IAP 字节读命令
#define CMD_PROGRAM  2                        //IAP 字节编程命令
#define CMD_ERASE    3                        //IAP 扇区擦除命令
#define ENABLE_IAP   0x82                     //if SYSCLK<20MHz
//=========================================================
//函数: GPIO_Init()
//说明: 初始化端口
//PxM1.n,PxM0.n  =00--->Standard,    01--->push-pull
//               =10--->pure input,  11--->open drain
//=========================================================
void GPIO_Init (void)
{
    P3M1 = 0x00;   P3M0 = 0x00;               //设置 P3、P5 为准双向口
    P5M1 = 0x00;   P5M0 = 0x00;
}


//=========================================================
//函数: Timer_Uart_Init()
//说明: 设置 Timer2 做波特率发生器, Timer0 做 1ms 定时器。
//=========================================================
void  Timer_Uart_Init(void)
{
    //定时器 0 定时中断
    AUXR = 0xC5;                              //定时器 0 为 1T 模式
    TMOD = 0x00;                              //设置定时器为模式 0（16 位自动重装载）
    TL0 = T1ms;                               //初始化计时值
    TH0 = T1ms >> 8;
    TR0 = 1;                                  //定时器 0 开始计时
    ET0 = 1;                                  //使能定时器 0 中断
    //定时器 2 产生波特率    1200
    SCON = 0x50;                              //8 位数据，可变波特率
    T2L = 0x00;                               //设定定时初值
    T2H = 0xF7;                               //设定定时初值
    ES  = 1;                                  //允许中断
    REN = 1;                                  //允许接收
    P_SW1 &= 0x3f;
    P_SW1 |= 0x00;                            //0x00: P3.0 P3.1, 0x40: P3.6 P3.7
    AUXR |= 0x10;                             //启动定时器 2
}
//=========================================================
//函数: void Delay15 (unsigned int us)
//说明: 以 15μs 为基准的延时子程序，如 n=2 时延时 30μs
```

```c
//========================================================
void Delay15(unsigned int n)
{
    unsigned int i;
    unsigned char j;
    for(i=0;i<n;i++)
    {
        j = 39;
        while (--j);
    }
}
//========================================================
//函数：DQ_init(void)
//说明：模拟单总线复位时序
//========================================================
void DQ_init(void)
{
    DQ=0;
    Delay15(40);                          //拉低600μs
    DQ=1;
    Delay15(40);                          //拉高600μs
}
//========================================================
//函数：DQ_WR(unsigned char CMD)
//说明：写入命令码 CMD
//========================================================
void DQ_WR(unsigned char CMD)
{
    unsigned char data i;                 //循环数
    for(i=0;i<8;i++)
    {
        DQ=0;                             //拉低1μs以上
        DQ=0;                             //拉低1μs以上
        if(CMD&0x01) DQ=1;                //输出数据
        Delay15(4);                       //延时60μs
        DQ=1;                             //拉高1μs以上
        CMD>>=1;                          //移位
    }
}
//========================================================
//函数：DQ_RD(void)
//说明：读取温度寄存器并转换
//========================================================
void DQ_RD(void)
{
    unsigned char i;                      //循环数
    unsigned int tt;                      //温度数据，采集用
```

```
    int t;                                  //温度数据，计算用
    DQ_init();                              //复位
    DQ_WR(0xCC);                            //忽略 ROM 匹配
    DQ_WR(0xBE);                            //读温度寄存器
    for(i=0;i<16;i++)                       //读取温度值
    {
        DQ=0;                               //拉低 1μs 以上
        DQ=0;                               //拉低 1μs 以上
        DQ=1;                               //拉高 10μs 以上
        Delay15(1);                         //10μs
        if(DQ) tt=tt|0x8000;                //读取
        if(i<15)tt>>=1;                     //移位，最后 1 位不用移
        Delay15(3);                         //延时 45μs
    }
    t=tt;
    a.f=t*0.0625;                           //转换为浮点数
    reg[2]=0;
    reg[3]=t>>4;                            //转换为整数值
    if((reg[3]&0x80)==0x80) reg[2]=0xFF;
    t=a.f*10;                               //转换为温度值×10 的整数值
    reg[4]=t>>8;
    reg[5]=t;
    for(i=0;i<2;i++) reg[8+i]=a.s[i];
    for(i=2;i<4;i++) reg[4+i]=a.s[i];
    DQ_init();                              //复位
    DQ_WR(0xCC);                            //忽略 ROM 匹配
    DQ_WR(0x44);                            //温度转换开始
}
//===========================================================
//函数: void IapIdle()
//说明: 关闭 IAP
//===========================================================
void IapIdle()
{
    IAP_CONTR = 0;                          //关闭 IAP 功能
    IAP_CMD = 0;                            //清除命令寄存器
    IAP_TRIG = 0;                           //清除触发寄存器
    IAP_ADDRH = 0x80;                       //将地址设置到非 IAP 区域
    IAP_ADDRL = 0;
}
//===========================================================
//函数: IapRead(void)
//说明: 读取保存在 EEPROM 区域中的数值、地址和波特率代码
//===========================================================
void IapRead(void)
{
    IAP_CONTR = ENABLE_IAP;                 //使能 IAP
```

```
    IAP_CMD = CMD_READ;                  //设置 IAP 命令
    IAP_ADDRL = 0;                       //设置 IAP 低地址
    IAP_ADDRH = 0;                       //设置 IAP 高地址
    IAP_TRIG = 0x5a;                     //写触发命令(0x5a)
    IAP_TRIG = 0xa5;                     //写触发命令(0xa5)
    Delay15(2000);                       //等待 ISP/IAP/EEPROM 操作完成
    reg[0] = IAP_DATA;                   //读 ISP/IAP/EEPROM 数据
    IAP_ADDRL = 1;                       //设置 IAP 低地址
    IAP_ADDRH = 0;                       //设置 IAP 高地址
    IAP_TRIG = 0x5a;                     //写触发命令(0x5a)
    IAP_TRIG = 0xa5;                     //写触发命令(0xa5)
    Delay15(2000);                       //等待 ISP/IAP/EEPROM 操作完成
    reg[1] = IAP_DATA;                   //读 ISP/IAP/EEPROM 数据
    IapIdle();                           //关闭 IAP 功能
}


//========================================================
//函数: IapWrite(void)
//说明: 写地址和波特率数据到 EEPROM 区域
//========================================================
void IapWrite(void)
{
    IAP_CONTR = ENABLE_IAP;              //使能 IAP
    IAP_CMD = CMD_ERASE;                 //设置 IAP 命令
    IAP_ADDRL = 0;                       //设置 IAP 低地址
    IAP_ADDRH = 0;                       //设置 IAP 高地址
    IAP_TRIG = 0x5a;                     //写触发命令(0x5a)
    IAP_TRIG = 0xa5;                     //写触发命令(0xa5)
    Delay15(2000);                       //等待 ISP/IAP/EEPROM 操作完成
    IAP_CMD = CMD_PROGRAM;               //设置 IAP 命令
    IAP_DATA = reg[0];                   //写 ISP/IAP/EEPROM 数据
    IAP_TRIG = 0x5A;                     //写触发命令(0x5A)
    IAP_TRIG = 0xA5;                     //写触发命令(0xA5)
    Delay15(2000);                       //等待 ISP/IAP/EEPROM 操作完成
    IAP_ADDRL = 1;                       //设置 IAP 低地址
    IAP_ADDRH = 0;                       //设置 IAP 高地址
    IAP_CMD = CMD_PROGRAM;               //设置 IAP 命令
    IAP_DATA = reg[1];                   //写 ISP/IAP/EEPROM 数据
    IAP_TRIG = 0x5a;                     //写触发命令(0x5a)
    IAP_TRIG = 0xa5;                     //写触发命令(0xa5)
    Delay15(2000);                       //等待 ISP/IAP/EEPROM 操作完成
    IapIdle();
}
//========================================================
//函数: int CCRC(unsigned char *ADRS,unsigned char SUM)
//说明: 校验子程序, *ADRS-数组位置, SUM-需校验字节数
//========================================================
```

```
unsigned int CCRC(unsigned char *ADRS,unsigned char SUM)
{
    unsigned int CRC;                      //校验码
    unsigned char i;
    unsigned char j;
    CRC=0xFFFF;
    for (i=0;i<SUM;i++)
    {
        CRC^=*ADRS;
        for (j=0;j<8;j++)
        {
            if ((CRC & 1)==1)
            {
                CRC>>=1;
                CRC^=0xA001;
            }
            else CRC>>=1;
        }
        ADRS++;
    }
    return(CRC);
}
//========================================================
//函数: MODBUS(void)
//说明: MODBUS 协议, 只支持寄存器读 03 和写 06
//========================================================
void MODBUS(void)
{
    unsigned char i;
    unsigned int tmp;                      //临时量
    unsigned char adr;                     //寄存器地址
    unsigned char byt;                     //寄存器号
    unsigned char CRCH;                    //CRC
    unsigned char CRCL;                    //CRC
//读寄存器 03
    if((rbuf[0]==reg[0]) && (rbuf[1]==0x03) && (rbuf[5]<6))       {
        tmp=CCRC(rbuf,6);
        CRCH=tmp&0xFF;
        CRCL=tmp>>8;
        if((rbuf[6]==CRCH) && (rbuf[7]==CRCL))
        {
            RE=1;
            adr=rbuf[3]<<1;
            byt=rbuf[5]<<1;
            tbuf[0]=rbuf[0];
            tbuf[1]=rbuf[1];
            tbuf[2]=byt;
```

```
            for(i=0;i<byt;i++)
            {
                tbuf[3+i]=reg[i];
            }
            tmp=CCRC(tbuf,3+byt);
            CRCH=tmp&0xFF;
            CRCL=tmp>>8;
            tbuf[3+byt]=CRCH;
            tbuf[4+byt]=CRCL;
            sp = 0;
            sn = 5+byt;
            SBUF = tbuf[0];                    //要发送的数据
        }
    }
    //写寄存器06
    if((rbuf[0]==reg[0]) && (rbuf[1]==0x06) && (rbuf[3]==0x00))        {
        tmp=CCRC(rbuf,6);
        CRCH=tmp&0xFF;
        CRCL=tmp>>8;
        if((rbuf[6]==CRCH) && (rbuf[7]==CRCL))
        {
            RE=1;
            reg[0]=rbuf[4];
            reg[1]=rbuf[5];
            IapWrite();
            if(reg[1]==0)
            {
                T2L = 0x00;                    //波特率1200
                T2H = 0xF7;
            }
            else
            {
                T2L = 0xE0;                    //波特率9600
                T2H = 0xFE;
            }
            for(i=0;i<8;i++)
            {
                tbuf[i]=rbuf[i];
            }
            sp = 0;
            sn = 8;
            SBUF = tbuf[0];                    //要发送的数据
        }
    }
}
//========================================================
//main:主函数
```

```
//========================================================
void main(void)
{
    GPIO_Init();
    Timer_Uart_Init();                   //初始化定时器和串口
    RE=0;
    EA = 1;
    DQ_RD();
    IapRead();
    if(reg[1]>0) reg[1]=0x01;
    if(reg[1]==0)
    {
        T2L = 0x00;                      //波特率 1200
        T2H = 0xF7;
    }
    else
    {
        T2L = 0xE0;                      //波特率 9600
        T2H = 0xFE;
    }
    while(1)
    {
        if(t0>1000)
        {
            t0=0;
            DQ_RD();
        }
        if(rnew)
        {
            MODBUS();
            rnew=0;
        }
    }
}
//========================================================
//函数：tm0_isr() interrupt 1
//说明：定时器 0 中断函数，1ms
//========================================================
void tm0_isr() interrupt 1
{
    t0++;
    if (ring) t1++;                      //接收数据过程计时，中断接到数据清零
    else t1=0;
    if(t1>100)                           //如果 100ms 内无新数据，判为一帧数据结束
    {
        rnew=1;                          //置位有新数据标志
        ring=0;                          //正在接收新数据标志位清零，可以接收新数据
```

```c
        rn++;                              //接收数据字节数修正
    }
}
//==========================================================
//函数：COMInt(void) interrupt 4
//说明：通信中断子程序
//==========================================================
void COMInt(void) interrupt 4
{
    unsigned char t;                       //临时量
    if(RI)                                 //有输入数据
    {
        t=SBUF;                            //读入数据
        RI=0;
        t1=0;                              //超时清零
        if(!ring)
        {
            ring=1;
            rn=0;                          //清零
            rbuf[rn]=t;                    //保存数据
        }
        else
        {                                  //数据不是头
            rn++;                          //读取 FIFO 的数据并清除中断
            if(rn<20) rbuf[rn]=t;
        }
    }
    else                                   //TI=1
    {
        TI=0;
        sp++;                              //指针加 1
        if(sp<sn) SBUF=tbuf[sp];           //发送数据
        else RE=0;                         //发送完毕，RS485 转接收状态
    }
}
```

4.4.2 C 程序中关键点说明

1. Modbus 协议功能码 03 和 06 的应用

程序中设置寄存器 unsigned char reg[10]用于 Modbus 协议相关操作，Modbus 寄存器地址表见表 4-3。Modbus 协议中每个寄存器地址占 2 字节，这 2 字节可以拆开使用，甚至可以拆分到位，当表达 long、float 类型数据时，就用 2 个连续寄存器合起来使用。

表 4-3　Modbus 寄存器地址表

序　号	地　址	名　　称	数 据 类 型	reg
1	0000	通信地址	高字节 char	reg[0]
		通信波特率	低字节 char	reg[1]
2	0001	温度值（整数值）	int	reg[2]，reg[3]
3	0002	温度值×10（1 位小数）	int	reg[4]，reg[5]
4	0003	温度值（单精度浮点数）	float	reg[6]，reg[7]
	0004			reg[8]，reg[9]

　　从表 4-3 可以看到 1 个温度值有 3 种表示方式：第 1 种是去掉小数位的整数值；第 2 种是含 1 位小数位的整数值，上位机读取数据后需要除以 10；第 3 种是浮点数。同一数据的多种表示方式是为了满足主机的不同需求，如果主机也是用单片机制作的控制板，希望采集的数值是整数值，便于运算，如果主机是计算机则会希望使用浮点值，数据更精确，这时就可以根据需要读取不同寄存器的值。

　　温度传感器的通信协议见表 4-4，主机发来的读寄存器报文中指定了要读取的寄存器数量，从机返回的报文中对应的是数据字节数，等于寄存器数量的 2 倍。主机发来的写寄存器报文，把指定数值写入指定寄存器，然后将报文原样返回，为了使写入数据能掉电也保存，要把更改的寄存器内容存入单片机内部 EEPROM，当下次单片机上电时读出 EEPROM 保存的内容。根据功能需求，程序中还限定除了地址 0x0000，其他地址只读，不能写入。

表 4-4　温度传感器的通信协议

功　能	发 来 信 息		返 回 信 息	
	数　据	说　明	数　据	说　明
读寄存器 03	0x00～0xFF	地址	0x00～0xFF	地址
	0x03	功能码	0x03	功能码
	0x00	起始地址	2n	数据字节数 2n
	0x××		…	2n 个数据
	0x00	寄存器数量 n	…	
	n		CRCH	校验码
	CRCH	校验码	CRCL	
	CRCL			
写寄存器 06	0x00～0xFF	地址	原样返回发来信息	
	0x06	功能码		
	0x00	起始地址		
	0x00			
	reg[0]	新地址		
	reg[1]	新波特率		
	CRCH	校验码		
	CRCL			

温度传感器上电运行时，读出 EEPROM 内容作为地址和波特率的设定。空白 EEPROM 读出数据为 0xFF，所以地址是 255，波特率的设定是大于 0 时为 9600，等于 0 时为 1200，所以默认波特率为 9600。

2. STC15W201S 系列单片机内部 EEPROM 使用方法

STC15W20X 系列单片机内部 EEPROM 空间和 FLASH 空间的和为 5KB。对于 STC15W204S，内部有 EEPROM 空间为 1KB，分 2 个扇区，每扇区为 512B。读写操作对象是每个字节，擦除对象是扇区，写字节操作之前要保证待写入区域所在扇区是擦除过的。

当改写数据所在扇区还有其他数据时，要将其他数据读到 RAM，擦除该扇区后，把其他数据和要写入数据再写入 EEPROM。STC 手册中建议，不是同一次修改的数据应放到不同扇区，这样就不需要读出保护。

3. 单精度浮点数

单精度浮点数 float 占 4 个字节，在数据传输过程中必须把浮点数表示为 4 个字节数据才能传输，这时用联合体定义浮点数和 1 个 4 字节数值，定义代码如下：

```
union fs
{
    float f;                    //浮点数
    unsigned char s[4];         //浮点数对应数组
}a;
```

联合体定义后表示浮点数 a.f 和数组 a.s[]共用内存，浮点数格式的计算结果存入 a.f，对外发送数据需要取字节时直接取 a.s[]。KeilC 内部浮点数是大端模式，例如数据 a.f=0x12345678 时，对应 a.s[0]=0x12，a.s[1]=0x34，a.s[2]=0x56，a.s[3]=0x78；而 VB 中则是小端模式，对应 a.s[0]=0x78，a.s[1]=0x56，a.s[2]=0x34，a.s[3]=0x12。PLC 常用表示方法是 a.s[0]=0x56，a.s[1]=0x78，a.s[2]=0x12，a.s[3]=0x34。主机具体采取哪种模式需要注意，如果模式一致则显示正确值，模式不对时可通过调整设置或转换后再使用。

4.4.3 用 Modbus 协议软件测试温度传感器

温度传感器的测试可以用串口调试软件测试，不方便的是 CRC 校验码需要找工具软件计算，用专用的 Modbus 调试软件更方便些，如常用的 ModScan32，软件打开后需先设置连接。ModScan32 连接设置如图 4-5 所示，单击菜单 Connection 中的 Connect，弹出 Connection Details 界面，选择对应的串口，选好串口通信参数，再单击 rotocol Selection，弹出 Modbus Protocol Selection，选标准 RTU 模式，然后逐步确定，参数设置完毕，自动开始连接。

主页面查看温度整数值界面如图 4-6 所示，通信地址 Device Id 填入温度传感器的通信地址，Address 处填入值等于查看寄存器地址值加 1，Lenth 处填入寄存器长度，寄存器类型选"03:HOLDING REGISTER"，数据区显示温度整数值为 26，带 1 位小数的值是 26.3。工具栏有选项，寄存器值可显示为二进制、十进制、十六进制、单精度浮点数和双精度浮点数，此处选的是十进制。

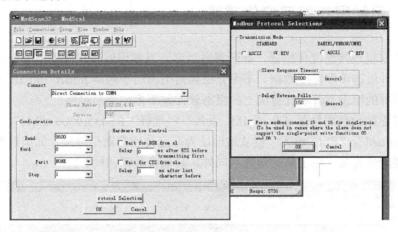

图 4-5　ModScan32 连接设置

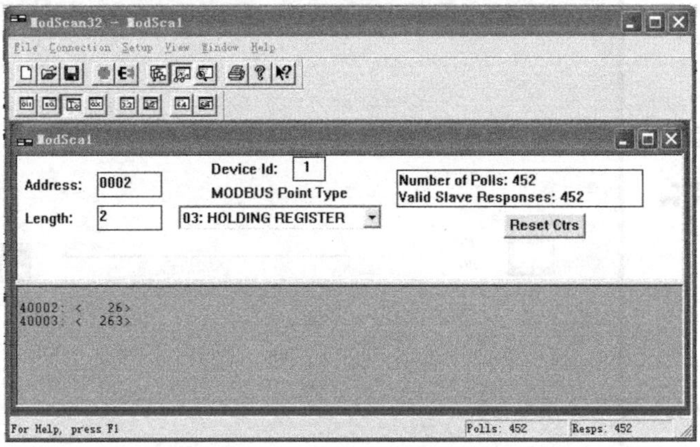

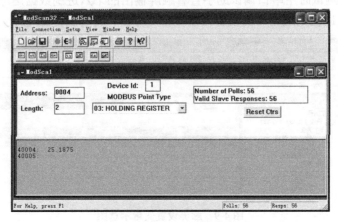

图 4-6　查看温度整数值界面

主页面查看温度浮点数值界面如图 4-7 所示，Address 处填入 0004，Lenth 处填入寄存器长度 2，工具栏有选项选单精度浮点数中的 Floating Pt，数据区显示值为 25.1875。接着再测试地址、波特率更改功能正常，验证了温度传感器的 Modbus 协议是正确的。

图 4-7　查看温度浮点数值界面

4.4.4　用触屏连接温度传感器

如果用计算机连接温度传感器，显示测得温度，需要用编程软件编个串口通信程序或是直接用组态软件组态读取温度数据。下面介绍如何用西门子触屏 Smart 700 IE 来读取温度传感器数据，触屏的组态软件和计算机上的组态软件差不多，会简单些。

触屏设置连接示意图见图 4-8，"HMI 设备"栏选择"RS485(9600,n,8,1)"，"网络"栏选择"RTU Standard"，"PLC 设备"栏从站地址为温度传感器通信地址。如果接多个温度传感器，每个都要新建连接，除了从站地址不同外，其他参数都相同。

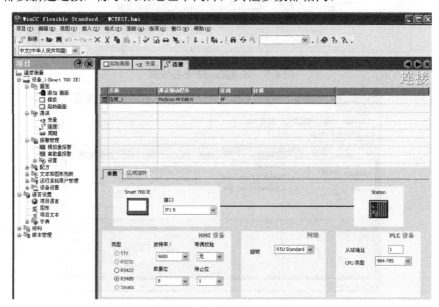

图 4-8　触屏设置连接示意图

触屏设置变量示意图见图 4-9，选择连接名称，数据类型选 Float，地址是 4x400004，对应温度传感器地址是 0x0003，这点要注意，西门子 PLC 寄存器地址是从 1 开始的，前面的 4 是寄存器标识。测试时用串口调试助手查看触屏输出的十六进制数据是"01 03 00 03 00 02 34 0B"，表示要从通信地址为 1 的设备读取 2 个寄存器，寄存器起始地址为 0x0003。

图 4-9　触屏设置变量示意图

然后在主界面加显示控件，数据显示框连接到变量，触屏主画面设置示意图见图 4-10，设置好格式输出，最后编译下载，触屏运行界面见图 4-11。

图 4-10 触屏主画面设置示意图

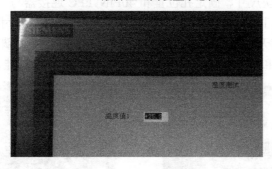

图 4-11 触屏运行界面

第 5 章　GPRS 模块远程数据传输

GPRS 模块主要用于车载、移动设备上的远程数据传输，在油田矿区、地质、水文等不方便敷设有线网络的地方也有广泛的应用。随着近些年通信技术的发展，GPRS 数据传输成本降低，速度变快，一些物联网方面的网站提供 GPRS 数据中转服务，不需要有固定 IP 或申请域名就可以很方便地使用 GPRS 传输数据了，GPRS 模块的使用门槛降低，应用范围会越来越广。

5.1　基于 GTM900B 的短信数据传输

5.1.1　华为 GTM900B 模块硬件接口

华为 GTM900B 模块尺寸、固定孔位置和 40PIN FPC 连接器与西门子 TC35 是相同的。华为 GTM900B 与西门子 TC35 外形对比图见图 5-1，外型尺寸为 54.5mm×36mm×6.85mm，外部接口只有天线接口和 FPC 连接器，FPC 连接器为 40 脚，包括了电源、串口通信、SIM 卡、控制信号和语音信号等接口，具体 GTM900B 引脚功能说明见表 5-1。

（a）GTM900B

（b）TC35

图 5-1　华为 GTM900B 与西门子 TC35 外形对比图

表 5-1　GTM900B 引脚功能说明

引　脚	符　号	说　　　明
1～5	Batt+	工作电源正，3.3～4.8 V，数据传输时电流为 350mA，峰值电流为 2 A
6～10	GND	工作地，0V
11	RxD1	调试串口：RXD—发送字符
12	TxD1	调试串口：TXD—接收字符

续表

引 脚	符 号	说 明
13	VDD	模块启动指示信号
14	ADC	0~1.75V
15	PWON	开关机控制信号，输入宽度大于 100ms 的低电平信号后模块启动
16	DSR0	串口：DSR—数据备妥
17	RI0	串口：RI—响铃侦测，有振铃时输出 1s 的低电平信号
18	RxD0	串口：接单片机 RXD
19	TxD0	串口：接单片机 TXD
20	CTS0	串口：CTS—清除以传送
21	RTS0	串口：RTS—要求传送
22	DTR0	串口：DTR—数据端备妥
23	DCD0	串口：CD—载波侦测
24	SIM_CD	SIM 卡：检测，预留功能，暂不支持
25	SIM_RST	SIM 卡：复位
26	SIM_DAT	SIM 卡：数据
27	SIM_CLK	SIM 卡：时钟
28	SIM_VCC	SIM 卡：供电
29	SIM_GND	SIM 卡：地
30	Vbackup	实时时钟后备电源
31	RST	复位信号
32	LPG	状态指示
33	AUXO+	音频输出 2
34	AUXO-	
35	EAR+	音频输出 1，耳机
36	EAR-	
37	MIC+	音频输入 1，麦克风
38	MIC-	
39	AUXI+	音频输入 2，麦克风（免提）
40	AUXI-	

实际应用中多使用外接电源直接供电，此时外接电源的正极接 Batt+脚，地接 GND。虽然模块对电源的电压范围要求较为宽松，但是对电源的容量和稳定性有着严格的要求，可以选择 4V、1A 的直流电源，输出并联有大容量电解电容，保证瞬间峰值电流达 2A 时电源电压下降不能超过 0.4V。需要使用实时时钟功能时，第 30 引脚接 3V 后备电池。

GTM900B 的串口默认参数是"9600,n,8,1"。模块的各种控制功能多是通过串口传送 AT 指令来完成的，应用时一般只使用 RxD0、TxD0 发送接收字符，其他引脚不接线。

GTM900B 上电后 PWON 输入宽度大于 10ms 的低电平信号后开机，处于开机状态时 PWON 输入宽度为 2~3s 的低电平信号后进入关机流程，保存信息，完成网络注销。

LPG 驱动 LED 具有指示功能，上电时 LED 是灭的，启动后登录网络，LED 为 94ms 亮/1s 灭，登录成功后 LED 为 94 ms 亮/3s 灭。

5.1.2 常用 AT 指令

AT 指令以<CR>（回车符 ASCII 码为 0x0D）结束，GTM900B 返回的内容以<CR><LF>（换行符 ASCII 码为 0x0A）结束。常用的 AT 指令说明见表 5-2，其中<SP>（ASCII 码为 0x20）代表空格符。

表 5-2 常用的 AT 指令说明

AT 指令	GTM900B 响应
不需指令	AT-Command Interpreter ready<CR><LF> 上电后发出
	RING<CR><LF> 振铃，来电显示没有开
	+CLIP: <SP>"04596719716",161, "",,"@wmOa@1",0<CR><LF> 振铃，开通来电显示时，先发出 RING，再发出号码
	+CMTI: <SP>"SM",27<CR><LF> 表示有短信来，位置为第 27 个
ATE0<CR> 关回显	<CR><LF>OK<CR><LF> 响应内容之前不再重复 AT 指令，ATE1 恢复回显
AT+IPR=9600<CR> 设置波特率	OK<CR><LF> 默认波特率为 9600，用此命令可更改波特率
AT+CIMI<CR> 检查 SIM 卡	<IMSI><CR><LF><CR><LF>OK<CR><LF> IMSI 指 SIM 卡识别码
AT+CLIP=1<CR> 开通来电显示	<CR><LF>OK<CR><LF> 开通来电显示，振铃后发来电号码
AT+CSQ<CR> 读取信号强度	+CSQ: <SP>21,99<CR><LF><CR><LF>OK<CR><LF> 信号强度为 21，有效范围是 0~31
AT+CSCA? <CR> 读取短信中心地址	+CSCA: <SP>"+8613800459500",145<CR><LF> <CR><LF> OK<CR><LF> 双引号内为短信中心地址
AT+CMGF=0<CR> 设置短信模式	OK<CR><LF> 设置短信为 PDU 模式，此模式支持中文
AT+CPMS? <CR> 查询短信数量	+CPMS:<SP>"SM",21,40,"SM",21,40,"SM",21,40<CR><LF><CR><LF>OK<CR><LF> 可存储 40 条，已存 21 条
AT+CNMI=1,1<CR> 设置短信接收方式	OK<CR><LF> 短信接收方式设置为有短信时通知，默认为直接存储到手机卡
AT+CMGS=<length> <CR>PDU 发送短信	Length=待发送字符数*2+15 先发送 AT+CMGS=<length> <CR>，返回<CR><LF> > <SP>，接着发送 PDU 码，再返回<CR><LF>OK<CR><LF>

续表

AT 指令	GTM900B 响应
AT+CMGR=1<CR> 接收短信	+CMGR:<SP>1,,36<CR><LF><PDU><CR><LF><CR><LF>OK<CR><LF>
ATA<CR> 接听电话	OK<CR><LF>　接听 NO<SP>CARRIER<CR><LF>　对方挂断
ATH<CR> 挂断电话	OK<CR><LF>
ATD<n> ; <CR> 拨打电话	OK<CR><LF>　对方接听 NO<SP>CARRIER<CR><LF>　没人接听
AT%MSO <CR> 关机	%MSO: Shut down mobile... <CR><LF>

5.1.3　用单片机控制 GTM900B 收发短信

1. 电路原理图

通过收发短信，单片机将采集的数据发送出去或是接收到控制命令由单片机输出控制信号，图 5-2 给出了 STC15W204S 控制 GTM900B 的电路原理图，可实现的功能有 3 个：报警、温度采集和控制输出。

单片机使用了 STC15W201S，单片机的引脚 P3.2 作为 PWON 控制 GTM900B 的启动；引脚 P5.4 接 DS18B20 的 DQ 脚采集温度，当接到短信"温度"时，采集温度并发送"温度=×××.×℃"；引脚 TxD、RxD 直接接 GTM900B 对应的 TTL 串口 0；引脚 P5.5 接报警按钮，要使用报警功能，需先发送"复位"，当按下按钮会通过短信向发送"复位"的手机发出"报警！"；引脚 P1.3 接发光二极管，作为控制输出的指示，实际使用时可接光耦或继电器控制输出，当接到短信"启动"时，发光二极管点亮，当接到短信"停止"时，发光二极管熄灭。

2. 发送、接收短信过程

1）初始设置

用超级终端测试短信有关初始化 AT 指令的截图见图 5-3，步骤说明如下：

（1）发送"AT+CSCA?"，读取短信中心地址。

（2）发送"AT+CMGF=0"，设置短信为中文模式。

（3）发送"AT+CMGD=1,4"，删除短信，为了简化程序，每收到短信后先解析，然后删除，这样每次收到短信的序号都是 1，返回 "ERROR"代表卡里无短信。

（4）发送"AT+CNMI=1,1"，有新短信时通知。

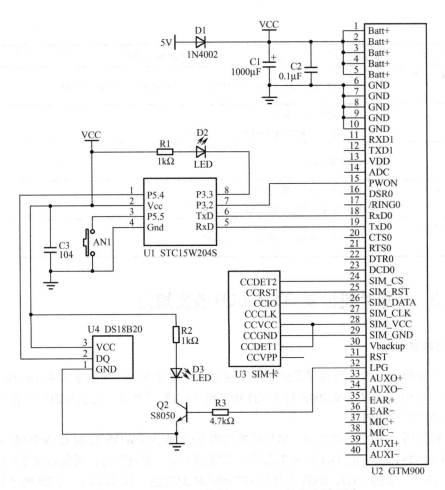

图 5-2　STC15W204S 控制 GTM900B 的电路原理图

图 5-3　短信有关初始化 AT 指令的截图

2）接收短信

接收短信测试截图见图 5-4，来短信时会收到 "+CMTI: "SM",1"，代表收到短信，保存序号为 1，发送 "AT+CMGR=1" 读取短信，收到短信后发送 "AT+CMGD=1,4" 删除。

短信 PDU 编码格式为："0891" + 短信中心号码 + "040D91" + 发送手机号码 + "000890" + 时间信息 + 数据长度 + 数据内容。测试时接收到的 PDU 编码为："0891683108409505F0040 D91683149950082F600087150810224 5523046E295EA6"，按格式分解为 0891（短信中心地址长度及类型）、683108409505F0（短信中心地址为 13800459500）、040D91（消息地址等参数）、683149950082F6（手机号码为 13945900286）、000871（编码方式等参数）、508102245523（时间为 5 月 18 日 20 时 42 分 55 秒）、04（数据长度为 4）、6E29（温）、5EA6（度），短信内容为"温度"。

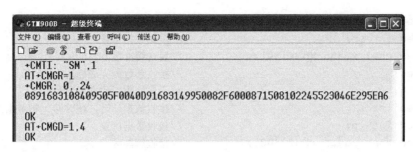

图 5-4　接收短信测试截图

3）发送短信

发送内容为"温度=000.0℃"，发送字符数为 9 个，发送步骤如下：

（1）发送"AT+CMGS=33"，其中 33=2*9+15，等返回">"。

（2）发送 PDU 编码。

（3）发送 0x1A，结束短信内容并发送。

发送短信时的 PDU 编码格式为："0891"＋短信中心号码＋"11000D91"＋接收手机号码＋"0008FF"＋数据长度＋数据内容。其中引号内内容是短信参数设定，可以直接使用不用改动，需要改动的有"短信中心号码"，在短信中心号码前加 86 后补 F，然后相邻奇偶位交换；"接收手机号码"在接收手机号码前加 86 后补 F，然后相邻奇偶位交换；"数据长度"等于待发送字数*2 的 16 进制数值，不足 2 位的前面补 0；"数据内容"是待发送中文字符的 Unicode 编码。例如 PDU 编码为：

"0891683108409505F011000D91683149950082F60008FF126E295EA6003D003000300003000302E00302103"，按格式分解为 0891（短信中心地址长度及类型）、683108409505F0（短信中心地址为 13800459500）、11000D91（消息类型、目标地址等参数）、683149950082F6（手机号码为 13945900286）、0008FF（编码方式等参数）、12（9*2=18=0x12）、6E29（温）、5EA6（度）、003D（=）、0030（0）、0030（0）、0030（0）、002E（.）、0030（0）、2103（℃）。

4）实际测试

（1）手机发送"启动"，发光二极管点亮。

（2）手机发送"停止"，发光二极管熄灭。

（3）手机发送"温度"，收到温度信息时的短信截图见图 5-5。

（4）手机发送"复位"，按下报警按钮，手机收到短信，内容为"报警！"。

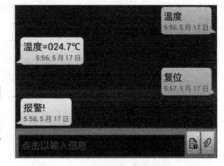

图 5-5　收到温度信息时的短信截图

3．单片机控制 GTM900B 收发短消息的 C 程序

程序源代码如下：

```c
#include "STC15Wxx.h"              //头文件
#include<string.h>                 //函数库
#define MAIN_Fosc  11059200L       //定义主时钟
#define T1ms (65536-MAIN_Fosc/1000) //1T 模式
```

```c
unsigned int sn;                            //发送数据字节总数
unsigned int sp;                            //发送数据位置
unsigned char xdata tbuf[50];               //发送缓冲区
bit rnew;                                   //接收新数据完成标志
bit ring;                                   //正在接收新数据标志
unsigned int t1;                            //接收数据计时，超时即 1 帧数据结束
unsigned int rn;                            //接收数据位置
unsigned char xdata rbuf[300];              //接收缓冲区
unsigned char xdata *p;                     //指针
//温度值:XXX.X℃，数值对应 Tm[3]Tm[7]Tm[11]Tm[19]
unsigned char Tm[]={"003000300030002E00302103"};
//手机号码:18846651504，号码可随意定义，程序运行后会自动修改
unsigned char SIM[]={"688148661505F4"};
//短信中心号码:13800459500
unsigned char SMS[]={"683108409505F0"};
unsigned int t0;                  //延时计数
bit ALARM=0;                      //0-禁止报警；1-允许报警
sbit PWON=P3^2;                   //启动
sbit DQ=P5^4;                     //测温，接 DS18B20
sbit AN=P5^5;                     //报警接点，接按钮
sbit LED=P3^3;                    //输出指示
//========================================================
// 函数: GPIO_Init()
// 说明: 初始化端口
//PxM1.n,PxM0.n    =00--->Standard,     01--->push-pull
//                 =10--->pure input, 11--->open drain
//========================================================
void GPIO_Init (void)
{
    P3M1 = 0x00;   P3M0 = 0x00;    //设置 P3 为准双向口
    P5M1 = 0x00;   P5M0 = 0x00;    //设置 P5 为准双向口
}
//========================================================
// 函数: Timer_Uart_Init()
// 说明: 设置 Timer2 为波特率发生器,Timer0 为 1ms 定时器
//========================================================
void  Timer_Uart_Init(void)
{
    //定时器 0 定时中断
    AUXR = 0xC5;                   //定时器 0 为 1T 模式
    TMOD = 0x00;                   //设置定时器为模式 0(16 位自动重装载)
    TL0 = T1ms;                    //初始化计时值
    TH0 = T1ms >> 8;
    TR0 = 1;                       //定时器 0 开始计时
    ET0 = 1;                       //使能定时器 0 中断
    //定时器 2 产生波特率   9600
    SCON = 0x50;                   //8 位数据，可变波特率
```

```
        T2L = 0xE0;                        //波特率为9600
        T2H = 0xFE;
        ES  = 1;                           //允许中断
        REN = 1;                           //允许接收
        P_SW1 &= 0x3f;
        P_SW1 |= 0x00;                     // 0x00: P3.0 P3.1; 0x40: P3.6 P3.7
        AUXR |= 0x10;                      //启动定时器2
}
//====================================================
//void Sleep(unsigned int n) 延时函数
//入口参数：n-延时毫秒值
//====================================================
void Sleep(unsigned int n)
{
    t0=0;
    while(t0<n);
}
//====================================================
//Sent:发送字符子程序
//入口参数：字符串,是否加回车换行符(1-加, 0-不加)
//====================================================
void Sent(unsigned char *s,unsigned char n)
{
    unsigned int char_length,j;
    char_length = strlen(s);              //字符串长度
    for (j=0;j<char_length;j++)
    {
        tbuf[j]=s[j];
    }
    tbuf[char_length]=0x0D;               //加回车换行尾
    tbuf[char_length+1]=0x0A;
    sp=0;
    sn=char_length+(n<<1);                //n 确定是否发送尾
    SBUF=tbuf[0];
}
//====================================================
//SentN:发送短信子程序
//入口参数：n=0, 发送报警；n=1, 发送温度
//====================================================
void SentN(unsigned char n)
{
    if(n==0)Sent("AT+CMGS=21",1);         //发送短信命令
    if(n==1)Sent("AT+CMGS=33",1);
    Sleep(1000);
    if(rnew) rnew=0;
    Sent("0891",0);                       //发送 PDU 码
    Sleep(500);
```

```c
    Sent(SMS,0);
    Sleep(500);
    Sent("11000D91",0);
    Sleep(500);
    Sent(SIM,0);
    Sleep(500);
    if(n==0)Sent("0008FF0662A58B660021",0);
    if(n==1)
    {
        Sent("0008FF126E295EA6003D",0);
        Sleep(500);
        Sent(Tm,0);
    }
    Sleep(2000);
    if(rnew) rnew=0;
    sn=1;
    sp=0;
    SBUF=0x1A;                              //发送 PDU 码结束符
    Sleep(8000);
}
//========================================================
// 函数: void Delay15(unsigned int us)
// 说明: 以 15μs 为基准的延时子程序, 如 n=2 时延时 30μs
//========================================================
void Delay15(unsigned int n)
{
    unsigned int i;
    unsigned char j;
    for(i=0;i<n;i++)
    {
        j = 39;
        while (--j);
    }
}
//========================================================
//DQ_init:DS18B20 初始化子程序
//========================================================
void DQ_init(void)
{
    DQ=0;
    Delay15(40);                    //拉低 600μs
    DQ=1;
    Delay15(40);                    //拉高 600μs
}
//========================================================
//DQ_WR:DS18B20 写子程序
//========================================================
```

```
void DQ_WR(unsigned char CMD)
{
    unsigned char data i;              //循环数
    for(i=0;i<8;i++)
    {
        DQ=0;                          //拉低 1μs 以上
        DQ=0;
        if(CMD&0x01) DQ=1;             //输出数据
        Delay15(4);                    //延时 60μs
        DQ=1;                          //拉高 1μs 以上
        CMD>>=1;                       //移位
    }
}
//====================================================
//DQ_RD:DS18B20 读子程序
//====================================================
void DQ_RD(void)
{
    unsigned char i;                   //循环数
    unsigned int tt;                   //温度数据
    DQ_init();                         //复位
    DQ_WR(0xCC);                       //忽略 ROM 匹配
    DQ_WR(0xBE);                       //读温度寄存器
    for(i=0;i<16;i++)                  //读取温度值
    {
        DQ=0;                          //拉低 1μs 以上
        DQ=0;                          //拉低 1μs 以上
        DQ=1;                          //拉高 10μs 以上
        Delay15(1);                    //10μs
        if(DQ) tt=tt|0x8000;           //读取
        if(i<15)tt>>=1;                //移位，最后 1 位不用移
        Delay15(3);                    //延时 45μs
    }
    i=tt>>4;                           //判断温度正负
    if(i>125)
    {
        tt=~tt;
        tt++;
        Tm[3]=0x2D;
    }
    else Tm[3]=0x30;                   //温度数值转换
    i=tt>>4;
    if(i>=100) Tm[3]=0x31;
    Tm[7]=(i%100)/10+0x30;
    Tm[11]=i%10+0x30;
    tt=tt&0x000F;
    Tm[19]=(tt*6)/10+0x30;
```

```c
}
//========================================================
//main:主函数
//========================================================
void main(void)
{
    unsigned int i;
    GPIO_Init();
    Timer_Uart_Init();                  //初始化定时器和串口
    EA = 1;

    DQ=1;                               //初始化
    LED=1;
    AN=1;
    Sleep(500);                         //延时 0.5s
    PWON=0;                             //拉低 PWON 120ms，启动模块
    Sleep(120);                         //延时 0.12s
    PWON=1;
    Sleep(15000);                       //延时 12s，等 TC35 登录网络完毕
    Sent("ATE0",1);                     //禁止回显
    Sleep(15000);
    if(rnew) rnew=0;
    Sent("AT+CSCA?",1);                 //读取短信中心地址
    Sleep(1000);
    if(rnew)
    {
        rnew=0;
        p=strstr(rbuf,"+");
        for(i=0;i<7;i++)
        {
            SMS[2*i]=*(p+2*i+10);
            SMS[2*i+1]=*(p+2*i+9);
        }
        SMS[12]=0x46;
    }
    Sent("AT+CMGF=0",1);                //短信为中文模式
    Sleep(1000);
    Sent("AT+CMGD=1,4",1);              //删除短信
    Sleep(8000);
    if(rnew) rnew=0;
    Sent("AT+CNMI=1,1",1);              //有新短信时通知
    Sleep(1000);
    if(rnew) rnew=0;
    while(1)
    {
        if(rnew)                                //接收到新数据
        {
```

```
                    rnew=0;
                    p=strstr(rbuf,"ING");              //是振铃
                    if(p>0)
                    {
                        Sent("ATH",1);                 //直接挂机
                    }
                    p=strstr(rbuf,"CMTI");             //有短信
                    if(p>0)
                    {
                        Sent("AT+CMGR=1",1);           //接收短信命令
                        Sleep(3000);
                        if(rnew)
                        {
                            p=strstr(rbuf,"0891");
                            p=p+24;
                            for(i=0;i<14;i++)
                            {
                                SIM[i]=*p;             //取手机号码
                                p++;
                            }
                            p=strstr(rbuf,"590D4F4D");  //"复位"
                            if(p>0)ALARM=1;             //启动报警功能
                            p=strstr(rbuf,"6E295EA6");  //"温度"
                            if(p>0)
                            {
                                DQ_RD();               //测量温度
                                SentN(1);              //发送温度值
                            }
                            p=strstr(rbuf,"542F52A8");  //"启动"
                            if(p>0)LED=0;
                            p=strstr(rbuf,"505C6B62");  //"停止"
                            if(p>0)LED=1;
                            Sent("AT+CMGD=1,4",1);      //删除短信
                            Sleep(1000);
                        }
                    }
                }
                if(!AN && ALARM)              //报警按钮按下
                {
                    Sleep(200);
                    if(!AN)SentN(0);          //发送报警信息
                    ALARM=0;                  //取消报警功能，等复位后开通
                }
            }
        }
}
//========================================================
// 函数：tm0_isr() interrupt 1
```

```
// 说明：定时器 0 中断函数，1ms
//===================================================
void tm0_isr() interrupt 1
{
    t0++;
    if (ring) t1++;            //接收数据过程计时，中断接到数据清零
    else t1=0;
    if(t1>20)                  //如果 20ms 内无新数据，判为一帧数据结束
    {
        rnew=1;                //置位有新数据标志
        ring=0;                //正在接收新数据标志位清零，可以接收新数据
        rn++;                  //接收数据字节数修正
    }
}
//===================================================
// 函数：COMInt(void) interrupt 4
// 说明：通信中断子程序
//===================================================
void COMInt(void) interrupt 4
{
    unsigned char t;           //临时量
    if(RI)                     //串口收到数据
    {
        t=SBUF;                //读入数据
        RI=0;
        t1=0;                  //超时清零
        if(!ring)
        {
            ring=1;
            rn=0;              //清零
            rbuf[rn]=t;        //保存数据
        }
        else
        {
            rn++;              //读取 FIFO 的数据，并清除中断
            if(rn<300) rbuf[rn]=t;
        }
    }
    else                       //TI=1
    {
        TI=0;                  //清除发送完成标志
        sp++;                  //指针加 1
        if(sp<sn) SBUF=tbuf[sp];   //发送数据
    }
}
```

5.2　基于 SIM900A 的 GPRS 数据传输

5.2.1　SIM900A 模块硬件接口

SIM900A 模块外形见图 5-6，模块尺寸为 24mm×24mm×3mm，外部有 68 个贴片焊盘引脚，引脚按功能分供电、开关机、音频接口、输入/输出接口、串口、SIM 卡接口和天线等部分。SIM900A 模块与 GPRS 数据传输有关的引脚描述见表 5-3。

图 5-6　SIM900A 模块外形

表 5-3　SIM900A 模块与 GPRS 数据传输有关的引脚描述

引　脚	符　号	说　明
55～57	VBAT	模块电源供电，3.2～4.8V，峰值电流为 2A
17、18、39、45、46、53、54、58、59、61～65	GND	引脚接地
1	PWR	开关机控制
52	NET	网络状态指示
9	TXD	串口数据发送
10	RXD	串口数据接收
30	SIM_VDD	SIM 卡电源
31	SIM_DATA	SIM 卡数据信号
32	SIM_CLK	SIM 卡时钟信号
33	SIM_RST	SIM 卡复位信号
60	RF_ANT	天线接口

SIM900A 模块除了用 PWR 引脚控制关机，还可以用 AT 指令关机，另外当电源电压超出 3.2～4.8V 范围时和当环境温度超出-40℃～+85℃范围时都会自动关机。

SIM900A 模块串口配置为 8 位数据位，无奇偶校验，1 位停止位，无数据流控，默认为自动波特率，模块开机 3 秒后，向模块发送大写字母"AT"，模块自动同步波特率，并返回"OK"，下次重新开机前一直使用该波特率。支持的波特率有 1200、2400、4800、9600、19200、38400、57600、115200bps。

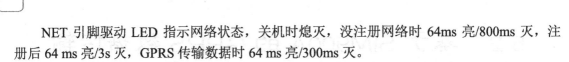
NET 引脚驱动 LED 指示网络状态，关机时熄灭，没注册网络时 64ms 亮/800ms 灭，注册后 64 ms 亮/3s 灭，GPRS 传输数据时 64 ms 亮/300ms 灭。

5.2.2　贝壳物联通信协议简介

贝壳物联云平台提供免费的网络数据交换服务器，如需使用先到贝壳物联网站注册，获得用户 ID，然后再创建用户 ID 下的多个设备 ID，每个设备 ID 下可以创建数据接口 ID。申请完成后，设备用申请到的 ID 登录贝壳物联服务器，在线设备间可互相传输数据，通过浏览器、手机 APP、微信能与在线设备交换数据或查看数据接口 ID 的最新数据。

贝壳物联地址是 www.bigiot.net（或 IP：121.42.180.30），可使用 TCP 端口 8181，设备端需要主动发送心跳包保持在线，心跳间隔范围为 30~60s，在线设备与服务器可使用 Json 字符串格式数据进行通信，详细通信协议见表 5-4。

表 5-4　贝壳物联通信协议

序号	命令功能	命令格式	参 数 说 明
1	设备登录	{"M":"checkin","ID":"xx1","K":"xx2"}\n	M—固定（Method）； checkin—固定，登录指令； ID—固定； xx1—可变，字符"D"+设备 ID； K—固定（apiKey）； xx2—可变，设备 apikey
	登录成功	{"M":"checkinok","ID":"xx1","NAME":"xx2","T":"xx3"}\n	M—固定（Method）； checkinok—固定，设备登录成功指令； ID—固定； xx1—可变，设备 ID； NAME—固定（apiKey）； xx2—可变，设备名称； T—固定（time）； xx3—可变，服务器发送信息时的时间戳
2	更新数据接口数据	{"M":"update","ID":"xx1","V":{"id1":"value1",...}}\n	M—固定（Method）； update—固定，实时更新数据指令； ID—固定； xx1—可变，设备 ID； V—固定（Value）； id1—可变，数据接口 ID； value1—可变（数值型），本地数据； ...—可以更新该设备下多个数据接口的数据

序号	命令功能	命 令 格 式	参 数 说 明
3	用户和设备上线通知	{"M":"login","ID":"xx1","NAME":"xx2","T":"xx3"}\n	说明：用户和设备登录成功后，贝壳服务器会向所属用户及该用户名下所有其他设备发送此信息。 M—固定（Method）； login—固定，用户或设备登录成功指令； ID—固定； xx1—可变，字符"D"+设备 ID、"U"+用户 ID； NAME—固定； xx2—可变，用户的名称； T—固定（time）； xx3—可变，服务器发送信息时的时间戳
4	用户和设备下线通知	{"M":"logout","ID":"xx1","NAME":"xx2","T":"xx3"}\n	说明：设备和用户离线后，贝壳服务器会向所属用户及该用户名下其他所有设备发送此信息。 M—固定（Method）； logout—固定，用户或设备下线指令； ID—固定； xx1—可变，字符"D"+设备 ID、"U"+用户 ID； NAME—固定； xx2—可变，下线设备或用户的名称； T—固定（time）； xx3—可变，服务器发送信息时的时间戳
5	数据发送	{"M":"say","ID":"xx1","C":"xx2","SIGN":"xx3"}\n	M—固定（Method）； say—固定，沟通指令； ID—固定； xx1—可变，数据发送目标，字符"D"+设备 ID、"U"+用户 ID，当 xx1 为"ALL"时，将向该用户及其名下所有设备发送该消息； C—固定（content）； xx2—可变，发送数据内容； SIGN—固定（可选）； xx3—可变（可选），自定义字符串，可用于对指令的签名标识
	数据接收	{"M":"say","ID":"xx1","NAME":"xx2","C":"xx3","T":"xx4","SIGN":"xx5","G":"xx6"}\n	M—固定（Method）； say—固定，沟通指令； ID—固定； xx1—可变，指令来源的唯一通信 ID，其组成为字符"D"+设备 ID、"U"+用户 ID； NAME—固定； xx2—可变，指令来源的名称； C—固定（content）； xx3—可变，数据内容； T—固定（time）； xx4—可变，服务器发送信息时的时间戳； SIGN—固定（可选）； xx5—可变（可选），签名标识； G—固定（可选），当信息来自群组时，会有此项； xx6—可变，群组 ID，形如"G20"

序号	命令功能	命 令 格 式	参 数 说 明
6	查询设备或用户是否在线	{"M":"isOL","ID":["xx1",...]}\n	M—固定（Method）； isOL—固定，是否在线查询指令； ID—固定； xx1—可变，字符"D"+设备 ID、"U"+用户 ID； ...—可以同时查询多个目标
6	返回结果	{"M":"isOL","R":{"XX1":"xx1",...},"T"":"xx3"}\n	M—固定（Method）； isOL—固定，是否在线查询指令； R—固定（Respone）； XX1—可变，字符"D"+设备 ID、"U"+用户 ID xx1—可变，XX1 的查询结果 0 或 1，0 代表不在线，1 代表在线； ... —多个查询结果； T—固定（time）； xx2—可变，服务器发送信息时的时间戳
7	查询当前设备状态	{"M":"status"}\n	M—固定（Method）； status—固定，查询当前设备状态指令
7	返回结果	{"M":"xx1"}\n	M—固定（Method）； xx1—可变(connected/checked)，当前设备状态，connected 代表已连接服务器尚未登录，checked 代表已连接且登录成功
8	发送报警信息	{"M":"alert","C":"xx1","B":"xx2"}\n	M—固定（Method）； alert—固定，设备主动发送报警指令； C—固定（Content）； xx1—可变，自定义的报警内容； B—固定（By）； xx2—可变，报警发送方式，目前支持 E-mail、微博、QQ，三种选择其中一种，微博和 QQ 需进行绑定后方能使用

5.2.3 车辆 GPS 定位及微信远程控制装置设计

1. 电路原理图

图 5-7 是车辆 GPS 定位及微信远程控制装置电路原理图，工作原理和常见的车辆 GPS 定位相似。GPS 数据上传至贝壳物联服务器，可登录贝壳物联网站查看当前定位位置和历史位置，在微信公众号上可查询定位经纬度信息，通过微信发送"打开"或"关闭"可控制继电器动作。根据需要，继电器接点可以控制车辆双闪、喇叭或点火电路，当车辆被盗、位置异常时可远程控制车辆报警或熄火。

STC15W4K 系列单片机有多种封装，应用中如果需要用到的 I/O 引脚较多时可选用 64 脚封装的。本电路中主要是利用其多串口功能，使用 I/O 引脚不多，选择了 LQFP32 封装。用单片机 STC15W4K16S 串口 2 接 GPS 模块 LEA-5A，串口 1 控制 GPRS 模块 SIM900A 连接网络，读到 GPS 模块的经纬度信息后经 GPRS 传输至贝壳物联服务器。除了串口功能引脚，P3.3 引脚接报警输入，内部拉高，当外部拉低后发报警信息（目前贝壳物联暂不支持微信报警，报警信息只能以数据发送方式发到网页）；P3.2 引脚接 SIM900A 模块的 PWR 引脚，初始为高电平，拉低 1s 后恢复高电平，SIM900A 模块开启，再拉低 1s 后恢复高电平，SIM900A 模块关闭；P1.2 引脚接光耦控制继电器。

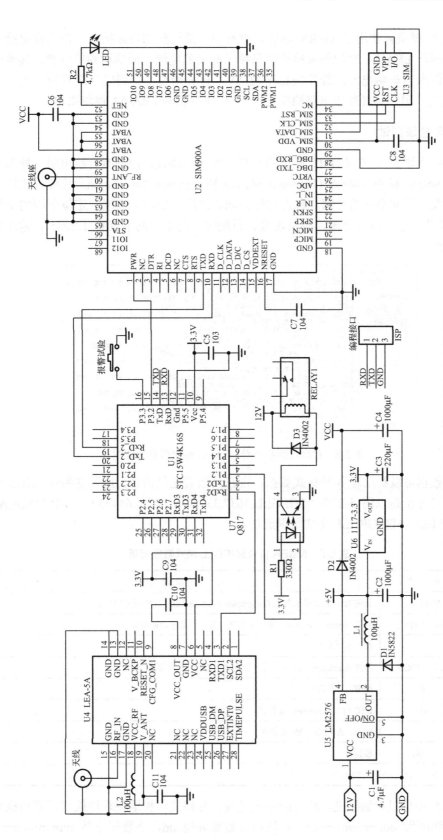

图5-7　车辆GPS定位及微信远程控制装置电路原理图

SIM900A 模块只使用了 GPRS 功能，没有用到的引脚如音频接口、输入输出接口等都没有接线。同样 LEA-5A 模块外部接线也只接了必要的电源、天线和通信引脚，其他引脚也未接线。电源取自车辆电池，经开关稳压为 5V，再分两路，一路经二极管降压为 4.3V 给 SIM900A 供电，另一路经稳压电路稳压为 3.3V 给单片机和 LEA-5A 模块供电。

2. GPS 模块测试

LEA-5A 模块的 CFG_COM1 引脚控制模块的通信协议，内部有上拉电阻，外部不接线时波特率是 9600，使用 NMEA（National Marine Electronics Association）协议。模块上电后串口会每秒发出不同格式的数据，包含定位时间、纬度、经度、高度、定位所用的卫星数、DOP 值、差分状态和校正时段，以及速度、日期等。用串口助手查看 LEA-5A 输出信息的截图见图 5-8。

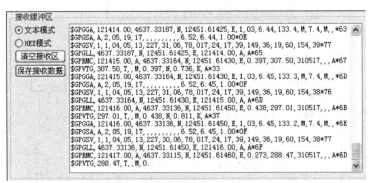

图 5-8　用串口助手查看 LEA-5A 输出信息的截图

从串口数据可以看出有 6 种格式数据，现在只需要定位信息，所以选用$GPGLL 格式的数据解析，表 5-5 是以图 5-8 中"$GPGLL,4637.33187,N,12451.61425,E,121414.00,A,A*65"为实例的 NMEA 协议$GPGLL 格式数据解析。

表 5-5　NMEA 协议$GPGLL 格式数据解析

字段	实　例	字 段 说 明
0	$GPGLL	语句 ID，表明该语句为 Geographic Position（GLL）地理定位信息
1	4637.33187	纬度 ddmm.mmmmm，度、分格式（前导位数不足则补 0）
2	N	纬度 N（北纬）
3	12451.61425	经度 dddmm.mmmmm，度、分格式（前导位数不足则补 0）
4	E	经度 E（东经）
5	121414.00	UTC 时间，hhmmss.ss 格式
6	A	状态，A=定位，V=未定位
7	A*65	校验值
8	按回车键	回车换行符

从表 5-5 中可以看到经度、纬度的格式是度、分格式，和地图软件接口需要转换为度格式，转换前纬度为 ddmm.mmmmm，转换后整数部分是 dd，小数部分是 mm.mmmmm/60，

经度也需同样转换，12451.61425 转化后为 124.86024。

3．SIM900A 模块与贝壳物联服务器数据交换

首先到贝壳物联网申请用户 ID，添加设备"GPRS 测试（ID：2334）"，再添加该设备 ID 下的数据接口"模块温度"和"GPS 数据"。其中"模块温度"的 ID 是 2243，接口类型是模拟量；"GPS 数据"的 ID 是 2244，接口类型为定位坐标。完成后的贝壳物联用户中心界面见图 5-9。

图 5-9　贝壳物联用户中心界面

SIM900A 模块连接贝壳物联服务器测试截图见图 5-10，分 3 个步骤：

（1）发送"AT"，返回"OK"，同步波特率。

（2）发送"AT+CLPORT=\"TCP\",\"6000\""，返回"OK"，设置模块连接协议为 TCP，本地端口为 6000（自行设定）。

（3）发送"AT+CIPSTART=\"TCP\",\"121.42.180.30\",\"8181\""，返回"OK"，AT 指令发送成功，接着返回"CONNECT"，表示连接成功，然后会收到贝壳物联服务器发来的欢迎语句"WELCOME TO BIGIOT"。

SIM900A 模块登录设备 ID 定时发送数据测试截图见图 5-11，实际上就是 SIM900A 发送数据的过程，具体步骤如下：

（1）发送"AT+CIPSEND"，返回">"，提示输入待发送数据。

（2）发送 {"M":"checkin","ID":"2334","K":"5bd854981"}，以 ID 为 2334 的设备名义登录贝壳物联服务器。

（3）发送端切换到 HEX 模式，发送

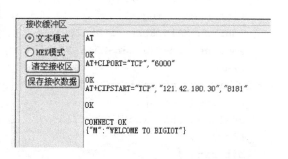

图 5-10　SIM900A 连接贝壳物联服务器测试截图

0x1A，表示发送数据输入完毕，返回"SEND OK"，发送完成，然后会收到贝壳物联服务器返回的登录成功信息"checkinok"。

（4）发送"AT+CIPSEND"，返回"> "，提示输入待发送数据。

（5）发送" {"M":"update","ID":"2334","V":{"2243":"23.5","2244":"124.8602,46.6222"}} "，更新设备的数据接口数据，模块温度为 23.5，GPS 数据为 124.8602,46.6222。

（6）发送端切换到 HEX 模式，发送"0x1A "，表示发送数据输入完毕，返回"SEND OK"，发送完成，更新数据接口数据时贝壳物联服务器不返回信息。

（7）每隔 30～50s 重复步骤（4）～（6），如超过 60s 没发送数据，设备会"掉线"，需重新登录。

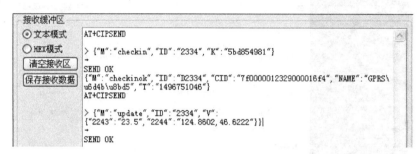

图 5-11　SIM900A 模块登录设备 ID 定时发送数据测试截图

SIM900A 模块登录设备 ID 后，用手机微信贝壳物联公众号可以查看设备接口数据，还可以发送信息给 SIM900AM 模块，先设定"GPRS 测试"为默认设备然后就可以直接发送数据了，不是默认设备也可以发送数据，只是指令复杂些。

SIM900A 模块收到" {"M":"say","ID":"U1626","NAME":"zhouchs(wx)","C":"\u6253\u5f00","T":"1496671242"}"，内容""\u6253\u5f00 ""代表"打开"。

SIM900A 模块收到" {"M":"say","ID":"U1626","NAME":"zhouchs(wx)","C":"\u5173\u95ed","T":"1496671275"}"，内容""\u5173\u95ed ""代表"关闭"。

SIM900A 模块温度可以用 AT 指令读出来，发送" AT+CMTE?"，返回" +CMTE:1,28"，代表模块温度是 28℃。

4．C 程序源代码

```
//车辆 GPS 定位及微信远程控制 C 程序
#include "STC15Wxx.h"                    //头文件
#include<string.h>                       //函数库
#define MAIN_Fosc  11059200L             //定义主时钟
#define T1ms (65536-MAIN_Fosc/1000)      //1T 模式
//串口1
unsigned int sn1;                        //发送数据字节总数
unsigned int sp1;                        //发送数据位置
unsigned char xdata tbuf1[50];           //发送缓冲区
bit rnew1;                               //接收新数据完成标志
bit ring1;                               //正在接收新数据标志
unsigned int t1;                         //接收数据计时，超时即 1 帧数据结束
unsigned int rn1;                        //接收数据位置
```

```c
unsigned char xdata rbuf1[200];              //接收缓冲区
//串口 2
bit rnew2;                                   //接收新数据完成标志
bit ring2;                                   //正在接收新数据标志
unsigned int t2;                             //接收数据计时,超时即 1 帧数据结束
unsigned int rn2;                            //接收数据位置
unsigned char xdata rbuf2[50];               //接收缓冲区
unsigned char xdata *p;                      //指针
unsigned char xdata *q;                      //指针
unsigned int t0;                             //计时
unsigned int t30;                            //计时
unsigned long tm;                            //计时
unsigned int tn;                             //计时
bit ALM;                                     //报警
unsigned char xdata dat[]={
"{\"M\":\"update\",\"ID\":\"2334\",\"V\":{\"2243\":\"23.0\",\"2244\":\"124
.8602,46.6222\"}}"};                         //数据接口数据模板,运行时更新数据再发出
unsigned char xdata msg[]={
"{\"M\":\"say\",\"ID\":\"U1626\",\"C\":\"\\u8f66\\u8f86\\u5f02\\u5e38\\uff
01\",\"SIGN\":\"ALM\"}"};                     //"车辆异常"报警信息
sbit PWR=P3^2;                               //SIM900A 启停控制
sbit KEY=P3^3;                               //报警输入
sbit DLY=P1^2;                               //控制继电器输出
//=======================================================================
// 函数:GPIO_Init()
// 说明:初始化端口
//PxM1.n,PxM0.n      =00--->Standard,      01--->push-pull
//                   =10--->pure input,    11--->open drain
//=======================================================================
void GPIO_Init (void)
{
    P1M1 = 0x00;   P1M0 = 0x00;              //设置为准双向口
    P3M1 = 0x00;   P3M0 = 0x00;              //设置为准双向口
}
//=======================================================================
// 函数: Timer_Uart_Init()
// 说明:设置 Timer2 做波特率发生器,Timer0 做 1ms 定时器
//=======================================================================
void  Timer_Uart_Init(void)
{
    //定时器 0 定时中断
    AUXR = 0xC5;                             //定时器 0 为 1T 模式
    TMOD = 0x00;                             //设置定时器为模式 0(16 位自动重装载)
    TL0 = T1ms;                              //初始化计时值
    TH0 = T1ms >> 8;
    TR0 = 1;                                 //定时器 0 开始计时
    ET0 = 1;                                 //使能定时器 0 中断
```

```
    //定时器 2 产生波特率   1200
    SCON = 0x50;                          //8 位数据，可变波特率
    T2L = 0xE0;                           //波特率为 9600
    T2H = 0xFE;
    ES  = 1;                              //允许中断
    REN = 1;                              //允许接收
    P_SW1 &= 0x3f;
    P_SW1 |= 0x40;                        //0x00: P3.0 P3.1; 0x40: P3.6 P3.7
     //串口 2
    S2CON &= ~(1<<7);                     //8 位数据，1 位起始位，1 位停止位，无校验
    IE2   |= 1;                           //允许中断
    S2CON |= (1<<4);                      //允许接收
    P_SW2 &= ~0x01;
    P_SW2 |= 0;                           // 0: P1.0 P1.1;  1: P4.6 P4.7
    AUXR |= 0x10;                         //启动定时器 2
}
//=============================================================
//void Sleep(unsigned int n) 延时函数
//入口参数；n-延时毫秒值
//=============================================================
void Sleep(unsigned int n)
{
    t0=0;
    while(t0<n);
}
//=============================================================
// 函数: void SendStr(char *s)
// 说明：串口 1 发送字符串子程序,结尾加回车换行符
//=============================================================
void SendStr(char *s)
{
    unsigned char char_length,j;
    char_length = strlen(s);             //计算字符串长度
    for (j=0;j<char_length;j++)          //将字符放到发送缓冲区
    {
        tbuf1[j]=s[j];
    }
    tbuf1[char_length]=0x0D;
    tbuf1[char_length+1]=0x0A;
    sn1=char_length+2;                   //发送字节数
    sp1=0;                               //从头开始发送
    SBUF=tbuf1[0];                       //发送第 1 个字节
}
//=============================================================
// 函数名: main
// 描述  : 主函数，用户程序从 main 函数开始运行
//=============================================================
```

```
void main(void)
{
    GPIO_Init ();                          //初始化端口
    Timer_Uart_Init();                     //初始化定时器和串口
    EA = 1;                                //允许全局中断
    PWR=0;                                 //启动 SIM900A 模块
    KEY=1;
    DLY=1;
    Sleep(1000);
    PWR=1;
    Sleep(3000);
    rnew1=0;
    SendStr("AT");                         //波特率同步
    Sleep(1000);
    rnew1=0;
    SendStr("AT+CLPORT=\"TCP\",\"6000\"");  //设置本模块连接协议 TCP，端口 6000
    Sleep(1000);
    rnew1=0;
    SendStr("AT+CIPSTART=\"TCP\",\"121.42.180.30\",\"8181\"");  //登录贝壳物联
    Sleep(5000);
    rnew1=0;
    SendStr("AT+CIPSEND");                 //准备发送数据
    Sleep(500);
    SendStr("{\"M\":\"checkin\",\"ID\":\"2334\",\"K\":\"5bd854981\"}");
    Sleep(500);                            //发送设备登录数据
    sn1=1;
    sp1=0;
    SBUF=0x1A;                             //发送结束符
    Sleep(1000);
    while (1)
    {
        if(t30==15000)
        {
            t30++;
            SendStr("AT+CMTE?");            //读取模块温度
        }
if(t30>30000)
        {
            t30=0;
            rnew1=0;
            SendStr("AT+CIPSEND");          //准备发送数据
            Sleep(500);
            if(ALM)
            {
                ALM=0;
                SendStr(msg);               //有报警标识，发报警
            }
```

```
            else SendStr(dat);              //无报警标识，发数据
            Sleep(500);
            sn1=1;
            sp1=0;
            SBUF=0x1A;                        //发送结束符
        }
        if(!KEY) ALM=1;                       //报警测试
        else ALM=0;
        if(rnew1)                             //串口 1 控制命令解析
        {
            rnew1=0;
            p=strstr(rbuf1,"zhouchs");         //命令由绑定用户发来
            q=strstr(rbuf1,"\\u6253\\u5f00");   //命令内容含"打开"
            if((p>0)&&(q>0)) DLY=0;            //控制继电器吸合
            q=strstr(rbuf1,"\\u5173\\u95ed");   //命令内容含"关闭"
            if((p>0)&&(q>0)) DLY=1;            //控制继电器释放
p=strstr(rbuf1,"CMTE:");                       //解析模块温度数据
if(p>0)
{
        p=p+8;
        dat[39]=*p;
        p++;
        dat[40]=*p;
}
        }
        if(rnew2)                             //串口 2GPS 数据解析
        {
            rnew2=0;
            p=strstr(rbuf2,",A,");             //定位数据有效
            if(p>0)
            {
                dat[62]=rbuf2[3];             //纬度解析
                dat[63]=rbuf2[4];
                tm=(10000L*(rbuf2[5]-0x30)+1000*(rbuf2[6]-
0x30)+100*(rbuf2[8]-0x30)+10*(rbuf2[9]-0x30)+(rbuf2[10]-0x30))/6;
                dat[65]=tm/1000+0x30;         //更新数据接口数据
                dat[66]=(tm%1000)/100+0x30;
                dat[67]=(tm%100)/10+0x30;
                dat[68]=tm%10+0x31;
                tn=16;
                dat[53]=rbuf2[tn];            //经度解析
                dat[54]=rbuf2[tn+1];
                dat[55]=rbuf2[tn+2];
                tm=(10000L*(rbuf2[tn+3]-0x30)+1000*(rbuf2[tn+4]-
0x30)+100*(rbuf2[tn+6]-0x30)+10*(rbuf2[tn+7]-0x30)+(rbuf2[tn+8]-0x30))/6;
                dat[57]=tm/1000+0x30;
                dat[58]=(tm%1000)/100+0x30;
```

```
                    dat[59]=(tm%100)/10+0x30;
                    dat[60]=tm%10+0x31;
                }
            }
        }
    }
}
//========================================================
// 函数: tm0_isr() interrupt 1
// 说明: 定时器 0 中断函数, 1ms
//========================================================
void tm0_isr() interrupt 1
{
    t0++;
    t30++;
    if (ring1) t1++;                    //接收数据过程计时, 中断接到数据清零
    else t1=0;
    if(t1>20)                           //如果 20ms 内无新数据, 判为一帧数据结束
    {
        rnew1=1;                        //置位有新数据标志
        ring1=0;                        //正在接收新数据标志位清零, 可以接收新数据
        rn1++;                          //接收数据字节数修正
    }
    if (ring2) t2++;                    //接收数据过程计时, 中断接到数据清零
    else t2=0;
    if(t2>20)                           //如果 20ms 内无新数据, 判为一帧数据结束
    {
        rnew2=1;                        //置位有新数据标志
        ring2=0;                        //正在接收新数据标志位清零, 可以接收新数据
        rn2++;                          //接收数据字节数修正
    }
}
//========================================================
// 函数: void UART1_int(void) interrupt 4
// 说明: 串口 1 通信中断子程序
//========================================================
void UART1_int(void) interrupt 4
{
    if(RI)                              //串口收到数据
    {
        RI=0;
        t1=0;                           //超时清零
        if(!ring1)
        {
            ring1=1;
            rn1=0;                      //清零
            rbuf1[rn1]=SBUF;            //保存数据
        }
```

```
        else
        {
            rn1++;                              //读取 FIFO 的数据并清除中断
            if(rn1<600) rbuf1[rn1]=SBUF;
        }
    }
    else                                    //TI=1
    {
        TI=0;                               //清除发送完成标志
        sp1++;                              //指针加 1
        if(sp1<sn1) SBUF=tbuf1[sp1];        //发送数据
    }
}
//=======================================================
// 函数: void UART2_int (void) interrupt UART2_VECTOR
// 描述: 串口 2 中断函数
//=======================================================
void UART2_int (void) interrupt 8
{
    unsigned char t;
    if((S2CON & 1) != 0)
    {
        S2CON &= ~1;                        //接收标志位清零
        t=S2BUF;
        t2=0;
        if((!ring2)&&(t=='L'))              //收到"L"后开始保存数据
        {
            ring2=1;
            rn2=0;                          //清零
            rbuf2[rn2]=t;                   //保存数据
        }
        else
        {                                   //数据不是头
            rn2++;
            if(rn2<50) rbuf2[rn2]=t;        //长度超过接收缓冲区不保存
        }
        if(ring2&&(t==0x0D))                //收到结束符
        {
            rnew2=1;                        //置位有新数据标志
            ring2=0;                        //正在接收新数据标志位清零，可以接收新数据
            rn2++;                          //接收数据字节数修正
        }
    }
    if((S2CON & 2) != 0)
    {
        S2CON &= ~2;                        //串口 2 不发送数据
    }
```

```
}
```

5. 测试

车辆 GPS 定位及微信远程控制装置组装完毕，上电试运行，贝壳物联网站查看数据界面见图 5-12，上半部显示模块温度变化趋势，下半部显示 GPS 数据定位地图（高德地图数据），单击"GPS 数据"后的"历史数据"，会显示不同时刻 GPS 的定位地点。

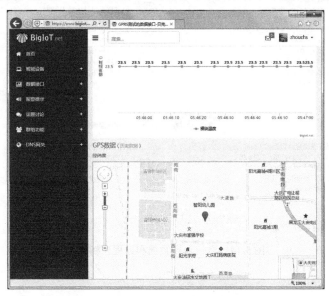

图 5-12　贝壳物联网站查看数据界面

用手机查看数据要先关注"贝壳物联"公众号，然后绑定用户 ID，详细步骤参考贝壳物联网站内的说明，贝壳物联微信公众号支持的命令见图 5-13。

图 5-13　贝壳物联微信公众号支持的命令

微信查询数据和远程控制界面见图 5-14，发送特定符号就可以查询数据，发送"打开"，继电器吸合，发送"关闭"，继电器释放，支持语音发送。

图 5-14　微信查询数据和远程控制界面

第6章 WiFi 模块遥控与远程控制应用

单片机通过串口用 AT 指令控制 WiFi 模块传输数据，既可以实现一对一的无线遥控，也可以实现网络远程控制。本章将通过对常用的 ESP8266 模块和 USR-C210 模块的测试与实际应用，说明单片机控制 WiFi 模块的方法。

6.1 WiFi 模块 ESP8266 简介

6.1.1 ESP8266 硬件接口

ESP8266 模块有多种规格型号，引脚有邮票孔或接普通插针的孔，有板载天线或外接天线的，其中型号 ESP-01 较为常用，为板载天线，带 8 个引脚插针，方便测试和使用。

ESP-01 版 ESP8266 模块外形图见图 6-1，引脚 VCC 和 GND 为电源，要求电压为 DC3.3V，平均电流约 80mA，峰值为 170mA；引脚 CH_PD 控制模块启停，高电平时模块启动；如果要求模块始终在工作状态，引脚 CH_PD 和 VCC 间接一个 10kΩ 电阻；引脚 TXD 和 RXD 接串口，串口参数为"115200,n,8,1"；剩下的 3 个输入/输出引脚不用。

图 6-1　ESP-01 版 ESP8266 模块外形图

6.1.2 ESP8266 常用 AT 指令集

ESP8266 模块 AT 指令集见表 6-1，通过 AT 指令设置模块的 WiFi 模式和通信协议等参数。WiFi 模式支持 AP 模式、STA 模式和 AP + STA 共存模式。AP 即无线接入点，是一个无线网络的中心节点，通常使用的无线路由器就是一个无线接入点；STA 即无线终端，无线终端通过 AP 连接另外的终端或外网。

表 6-1　ESP8266 模块 AT 指令集

功　能	AT 指令	说　明
基础指令	AT	测试 AT 启动
	AT+RST	重启模块
	AT+GMR	查看版本信息
	+++	从透传模式回到 AT 指令状态
WiFi 指令	AT+CWMODE	选择 WiFi 应用模式：AT+CWMODE=<mode> mode 取值：1—STA 模式； 2—AP 模式； 3—AP + STA 共存模式
	AT+CWJAP	加入 AP：AT+CWJAP=接入点名称,密码
	AT+CWLAP	列出当前可用 AP
	AT+CWQAP	退出与 AP 的连接
	AT+CWSAP	设置 AP 模式下的参数 AT+CWSAP=接入点名称,密码,通道号,加密方式
	AT+ CWLIF	查看已接入设备的 IP
TCP/IP 指令	AT+CIPSTATUS	获得连接状态
	AT+CIPSTART	建立 TCP 连接或注册 UDP 端口号，多路连接时指定连接的 ID 号
	AT+CIPSEND	发送指令时指定长度 length，返回 ">" 后再发送数据
	AT+CIPCLOSE	关闭 TCP 或 UDP
	AT+CIFSR	获取本地 IP 地址
	AT+CIPMUX	启动多连接
	AT+CIPSERVER	配置为服务器，要先开启多连接
	AT+CIPMODE	设置模块透传模式，单连接状态才可以透传
	AT+CIPSTO	设置服务器超时时间
接收数据	+IPD	接收到的数据，透传时收到数据无+IPD 指示

WiFi 模块工作于 AP 模式时，手机连接模块后可以直接与模块通信，WiFi 模块工作于 STA 模式时，需要通过无线路由建立连接，可选择 TCP Server、TCP Client 或 UDP 通信协议传输数据，其中用 TCP Client 或 UDP 通信时，先选单连接，连接后可以进入透传模式。

6.1.3　ESP8266 模块和 Android 手机通信测试

ESP8266 模块接 3.3V 电源，串口线交叉接，用串口调试助手发送 AT 指令测试，手机安装 WiFi 调试助手软件配合测试。

1．ESP8266 模块切换到 AP 模式

ESP8266 模块默认 IP 地址为 192.168.4.1，用"AT+CWSAP?"指令查看模块接入点名称和密码。如果返回"+CWSAP:"ESP8266","0123456789",11,3"，表示 ESP8266 模块接入点名称为"ESP8266"，密码是"0123456789"；如果返回"ERROR"，表示 ESP8266 模块工作于 STA 模式，需要用"AT+CWMODE=2"改变其工作模式为 AP 模式，返回"OK"后再发送"AT+RST"重启模块，进入 AP 模式。

用"AT+CWSAP"指令可以改变 ESP8266 模块的接入点名称和密码，例如发送"AT+CWSAP="ESP01","aaaa666666",11,3"，ESP8266 模块的接入点名称变为"ESP01"，密码变为"aaaa666666"。ESP8266 模块的接入点名称和密码一旦设定，不会随工作模式的切换而改变。

2．ESP8266 模块切换到 STA 模式

用"AT+CWMODE=1"指令改变 ESP8266 模块的工作模式为 STA 模式，返回"OK"后再发送"AT+RST"重启模块，进入 STA 模式，如以前曾设定过无线路由的接入点名称和密码，模块会自动连接，连接成功后依次返回"WIFI CONNECTED"和"WIFI GOT IP"。

如果 ESP8266 模块的无线路由连接点未设定或需要改变，用"AT+CWJAP="无线路由名称","无线路由密码""指令加入无线路由，加入成功后依次返回"WIFI CONNECTED"、"WIFI GOT IP"和"OK"。也可先用"AT+CWLAP"指令查看无线路由列表，显示无线路由接入点名称、信号强度、MAC 地址等信息。

3．ESP8266 工作于 AP 模式，配置为 TCP Server，手机为 TCP Client

ESP8266 模块工作于 TCP Server 模式与手机通信截图见图 6-2。通信过程说明如下：

（1）串口助手发送"AT+CWMODE=2"，进入 AP 模式。

（2）串口助手发送"AT+CIPMUX=1"，设置为多连接。

（3）串口助手发送"AT+CIPSERVER=1,8080"，设置为 TCP Serve，端口为 8080。

（4）手机端选 TCP Client，远程 IP 为 192.168.4.1，端口为 8080，然后单击"连接"，连接成功后串口助手显示"0,CONNECT"，说明连接成功，连接号是 0。

（5）手机发送"12345"加回车符，串口助手收到"+IPD,0,6 :12345"，表示收到 0 号连接的 6 个字符"12345"加回车符。

（6）串口助手发送"AT+CIPSEND=0,4"，表示要向 0 号连接发送 4 个字符，然后等收到">"提示符后输入"ABCD"，手机收到"ABCD"。

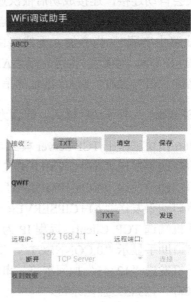

（a）串口助手截图　　　　　　　　（b）手机截屏

图 6-2　ESP8266 模块工作于 TCP Server 模式与手机通信截图

4．ESP8266 工作于 AP 模式，配置为 TCP Client，手机为 TCP Server

ESP8266 模块工作于 TCP Client 模式与手机通信截图见图 6-3。通信过程说明如下：

（a）串口助手截图　　　　　　　　（b）手机截屏

图 6-3　ESP8266 模块工作于 TCP Client 模式与手机通信截图

（1）串口助手发送"AT+CWMODE=2"，进入 AP 模式。

（2）串口助手发送"AT+CIPMUX=0"，设置为单连接。

（3）手机端选 TCP Server，本地 IP 为 192.168.4.2，端口为 6000，然后单击"连接"按钮，启动端口 6000 监听，等待客户端连接。

（4）串口助手发送"AT+CIPSTART="TCP","192.168.4.2",6000"，设置为 TCP 连接，远程 IP 地址为 192.168.4.2，远程端口为 6000，收到"CONNECT"，同时手机界面也显示连接成功。

（5）串口助手发送"AT+CIPMODE=1"，表示进入透传模式，接着发送"AT+CIPSEND"，进入透传发送模式，可以互发数据。

5. ESP8266 工作于 AP 模式，配置为 UDP

ESP8266 模块工作于 UDP 模式与手机通信截图见图 6-4。通信过程说明如下：

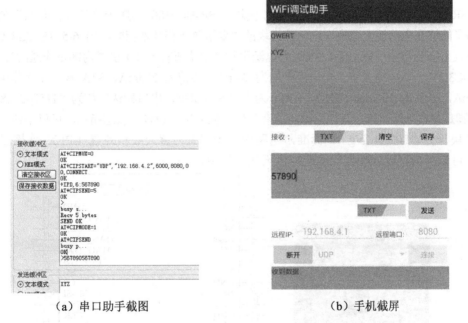

（a）串口助手截图　　　　　　　　（b）手机截屏

图 6-4　ESP8266 模块工作于 UDP 模式与手机通信截图

（1）串口助手发送"AT+CIPMUX=0"，设置为单连接。

（2）串口助手发送"AT+CIPSTART="UDP","192.168.4.2",6000,8080,0"，设置为 UDP 连接，远程 IP 地址为 192.168.4.2，远程端口为 6000，本地端口为 8080，收到"0,CONNECT"。

（3）手机端选 UDP，远程 IP 为 192.168.4.1，端口为 8080，单击"连接"，接着发送数据"567890"，串口助手收到"+IPD,6,567890"。

（4）串口助手发送"AT+CIPSEND=5"，表示要发送 5 个字符，然后等收到">"提示符后输入"QWERT"，手机收到"QWERT"。

（5）串口助手发送"AT+CIPMODE=1"，表示进入透传模式，接着发送"AT+CIPSEND"，进入透传发送模式，此时再互发数据，串口助手会只收到数据，没有+IPD 等标识符。

（6）要退出透传模式，串口助手先发送"+++"，再发送"AT+CIPMODE=0"。

6. ESP8266 工作于 STA 模式，和手机接入同一无线路由

ESP8266 模块工作于 STA 模式时，手机无法直接连接模块，但它们接入同一无线路由后又可以相互通信了，通信过程和 AP 模式时相同。

6.2　WiFi 模块 USR-C210 简介

6.2.1　USR-C210 模块硬件接口

USR-C210 模块和第 3 章介绍的蓝牙模块 USR-BLE100 同属于"有人物联网"公司的产品，为了能够在电路板上互换，这两种模块的主要引脚排列基本相同。图 6-5 是 USR-C210 模块外形及引脚分布图，VCC 和 GND 为电源引脚（模块所有 GND 引脚内部是连通的），要求电压为 DC3.3V，　AP 模式下工作电流平均为 74mA，峰值为 285mA，STA 模式下工作电流平均为 32mA，峰值为 196mA，TXD、RXD 为串口通信引脚，串口默认参数为"115200,n,8,1"，这4 个引脚是基本功能引脚，其他引脚功能有复位、恢复出厂设置和状态指示，可以不使用。

模块符合"802.11 b/g/n"标准，电路板上预留有内置天线和外置 I-PEX 连接器的焊接位置，可选择内置板载陶瓷天线或外置天线的应用。

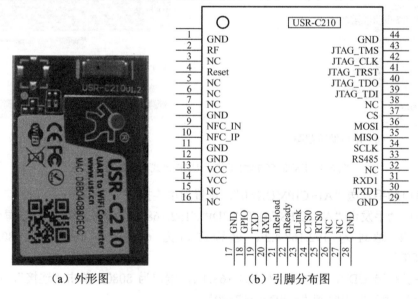

图 6-5　USR-C210 模块外形及引脚分布图

6.2.2　USR-C210 模块参数设置

USR-C210 模块也有 STA、AP、AP+STA 三种 WiFi 工作模式，默认状态下模块 SSID 为 USR-C210，无加密，IP 地址为 10.10.100.254，服务器端口为 8899，AP 模式下连接

SSID，模块会分配一个 IP（默认为 10.10.100.×××）。

　　USR-C210 模块的参数配置方式有网页配置、AT 指令配置两种方式，以网页配置方式为主。当模块工作于 AP 模式时，用手机链接模块 SSID，然后登录 http://10.10.100.254/，进入参数设置网页可以查看和修改参数；当模块工作于 STA 模式时，用"AT+WSTA"指令连接无线路由，连接成功后再用"AT+WANN"指令查看分配给模块的 IP 地址，假设 IP 地址是192.168.0.102，在无线路由内网上的计算机就可以登录 http://192.168.0.102/，进入参数设置网页。图 6-6 是 USR-C210 模块参数设置网页截图。

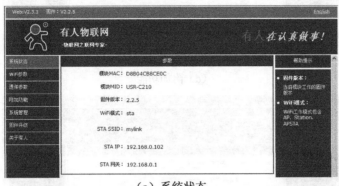

（a）系统状态

（b）WiFi 参数

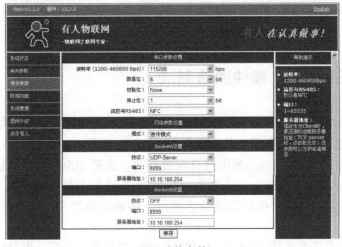

（c）透传参数

图 6-6　USR-C210 模块参数设置网页截图

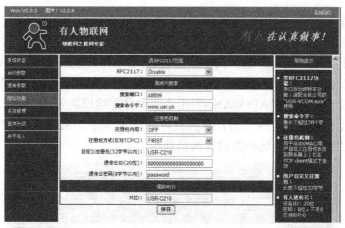

（d）附加功能

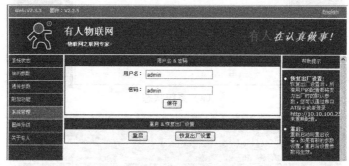

（e）系统管理

图 6-6　USR-C210 模块参数设置网页截图（续）

　　USR-C210 模块网页分 7 部分，与参数设置有关的有 5 个：系统状态显示模块当前的工作模式和网络参数；WiFi 参数用于设定模块的工作模式及其对应的网络参数；透传参数主要用来设定串口参数；附加功能用于设定模块自动登录"有人透传云"以实现远程监控的参数，这些参数需要登录有人物联网站注册申请，长期使用可能要交相关费用；系统管理界面能修改登录参数，设置网页用的用户名和密码，还有模块重启、恢复出厂设置的功能。

6.2.3　USR-C210 模块通信测试

　　USR-C210 模块通过网页设定好参数，以后每次上电直接进入透传模式，按设定参数工作，使用很方便。还有一个特点是有 RS485 方向控制引脚，直接连接 RS485 芯片，可轻易实现 WiFi 转 RS485 通信。利用网页设置参数、支持 RS485 通信这两个特点设计了一款实用小工具——手机串口调试助手，其电路原理图见图 6-7。在现场调试设备的 RS485 通信功能时，RS485 接口和设备连接好，接通电源开关，用手机就可以进行调试工作了。

　　手机上的操作首先是连接 USR-C210 并登录透传参数设置页面，根据待测设备串口参数设置蓝牙的串口参数，"流控与 RS485"选项选"485"，SocketA 设置中"协议"选项选择

"TCP-Server"，保存参数。然后打开手机上的"WiFi 调试助手"，选 TCP-Cilent 模式，远程 IP 设为"10.10.100.254"，远程端口设为"8899"，单击"连接"按钮后就可以进行通信测试了。数据模式根据需要可以在"TXT"和"HEX"之间切换。

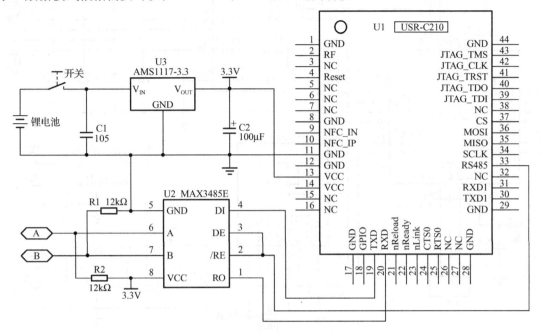

图 6-7　手机串口调试助手电路原理图

6.3　WiFi 遥控小车电路设计

6.3.1　WiFi 遥控小车电路原理

WiFi 遥控小车电路原理图见图 6-8，主要由单片机、WiFi 模块、电机驱动和电源稳压 4 部分组成。电源用 2 节锂电池，通过开关给电路供电，稳压输出 5V 给控制电源，同时稳压输出 3.3V 给 WiFi 模块供电。用手机和 WiFi 模块通信，发出控制命令，单片机收到命令后驱动电机转动，完成遥控功能。

电动机驱动电路采用 L298N，可驱动 35V、2A 以下电动机，控制部分电源的电压为 5V，IN1～IN4 对应驱动 OUT1～OUT4。L298N 输入/输出逻辑关系见表 6-2，ENA 和 ENB 接单片机的 PWM 输出端，通过改变 PWM 脉冲的占空比能实现电动机的调速。注意 STC15W 系列单片机有些引脚上电后不是准双向状态，如 P2.1、P2.2 和 P2.3 上电后为高阻态，如果用 P2.3 接 L298N 的 IN4，上电瞬间电动机会有抖动，测试发现问题后改用 P2.0 即正常。

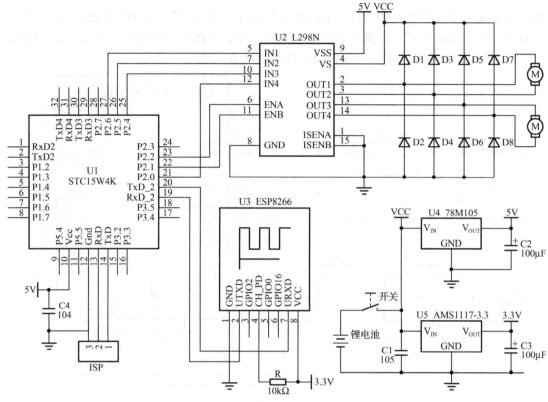

图 6-8　WiFi 遥控小车电路原理图

表 6-2　L298N 输入/输出逻辑关系

ENA	IN1	IN2	左侧电机	ENB	IN3	IN4	右侧电机
0	×	×	停止	0	×	×	停止
1	1	0	正转	1	1	0	正转
1	0	1	反转	1	0	1	反转
1	1	1	刹停	1	1	1	刹停
1	0	0	停止	1	0	0	停止

6.3.2　WiFi 遥控小车的 C 程序

程序源代码如下：

```
//=================================================
// 小车 WiFi 遥控程序
// 接收：DB SPL SPR YK(SPL SPR:速度占空比)
// 发送：DB SPL SPR YK(YK: 0-停止，1-左转，2-右转，3-前进，4-后退)
//=================================================
#include "STC15Wxx.h"
#include "string.h"
```

```c
#define MAIN_Fosc   11059200L              //定义主时钟
#define T1ms (65536-MAIN_Fosc/1000)        //1T 模式
sbit IN1=P2^6;              //电机驱动 L
sbit IN2=P2^5;              //电机驱动 L
sbit IN3=P2^4;              //电机驱动 R
sbit IN4=P2^0;              //电机驱动 R
//串口1,WiFi 通信,9600,n,8,1
unsigned char sn;                   //发送数据字节总数
unsigned char sp;                   //发送数据位置
unsigned char xdata tbuf[20];       //发送缓冲区
bit rnew;                           //接收新数据完成标志
bit ring;                           //正在接收新数据标志
unsigned char rn;                   //接收数据位置
unsigned char xdata rbuf[20];       //接收缓冲区
unsigned char xdata *p;             //指针
unsigned int t0,t1,t2;              //延时计数
unsigned char SPL;                  //左侧速度百分比
unsigned char SPR;                  //右侧速度百分比
unsigned char YK;                   //遥控，0-停止，1-右转，2-左转，3-前进，4-后退
#define CYCLE   0x1000L             //定义 PWM 周期(最大值为 32767)
//=========================================================
// 函数：GPIO_Init()
// 说明：初始化端口
//PxM1.n,PxM0.n    =00--->Standard,    01--->push-pull
//                 =10--->pure input,  11--->open drain
//=========================================================
void GPIO_Init (void)
{
    P2M1 = 0x00;   P2M0 = 0x00;    //设置 P2 准双向口
    P3M1 = 0x00;   P3M0 = 0x00;    //设置 P3 准双向口
}
//=========================================================
// 函数：Timer_Uart_Init()
// 说明：设置 Timer2 作为波特率发生器，Timer0 作为 1ms 定时器
//=========================================================
void  Timer_Uart_Init(void)
{
    //定时器 0 定时中断
    AUXR = 0xC5;                //定时器 0 为 1T 模式
    TMOD = 0x00;                //设置定时器为模式 0(16 位自动重装载)
    TL0 = T1ms;                 //初始化计时值
    TH0 = T1ms >> 8;
    TR0 = 1;                    //定时器 0 开始计时
    ET0 = 1;                    //使能定时器 0 中断
    //定时器 2 产生波特率 9600
    SCON = 0x50;                //8 位数据，可变波特率
    T2L = 0xE8;                 //波特率 115200
```

```
    T2H = 0xFF;
    ES  = 1;                        //允许中断
    REN = 1;                        //允许接收
    P_SW1 &= 0x3f;
    P_SW1 |= 0x40;                  //0x00: P3.0 P3.1; 0x40: P3.6 P3.7
    AUXR |= 0x10;                   //启动定时器 2
}


//========================================================
// 函数: void Sleep(unsigned int n)
// 说明: 延时函数, n 为延时毫秒值
//========================================================
void Sleep(unsigned int n)
{
    t0=0;
    while(t0<n);
}
//========================================================
// 函数: Speed(unsigned char spdL,unsigned char spdR)
// 描述: 更改 PWM 占空比, 调节速度, spdL-左侧速度, spdR-右侧速度
//========================================================
void Speed(unsigned char spdL,unsigned char spdR)
{
    P_SW2 |= 0x80;                  //使能访问 PWM 特殊寄存器
    PWMCFG = 0x00;                  //配置 PWM 的输出初始电平为低电平
    PWMCKS = 0x0F;                  //选择 PWM 的时钟为 Fosc/(15+1)
    PWMC = CYCLE;                   //设置 PWM 周期
    PWM3T1 = 0x0000;                //设置 PWM3 第 1 次反转的 PWM 计数
    PWM3T2 = CYCLE * spdL / 100;    //设置 PWM3 第 2 次反转的 PWM 计数
                                    //占空比为(PWM3T2-PWM3T1)/PWMC
    PWM4T1 = 0x0000;                //设置 PWM4 第 1 次反转的 PWM 计数
    PWM4T2 = CYCLE * spdR / 100;    //设置 PWM4 第 2 次反转的 PWM 计数
                                    //占空比为(PWM4T2-PWM4T1)/PWMC
    PWMCR = 0x86;                   //使能 PWM 模块, 使能 PWM3、PWM4
    P_SW2 &= ~0x80;
}
//========================================================
// 小车动作函数
//========================================================
void run(void)        //前进
{
    IN1=1;            //左电动机往前走
    IN2=0;
    IN3=1;            //右电动机往前走
    IN4=0;
}
void backrun(void)  //后退函数
```

```
{
    IN1=0;              //左电动机往后走
    IN2=1;
    IN3=0;              //右电动机往后走
    IN4=1;
}
void leftrun(void)  //左转
{
    IN1=0;              //左电动机往后走
    IN2=1;
    IN3=1;              //右电动机往前走
    IN4=0;
}
void rightrun(void) //右转
{
    IN1=1;              //左电动机往前走
    IN2=0;
    IN3=0;              //右电动机往后走
    IN4=1;
}
void  stop(void)     //停止
{
    IN1=0;              //左电动机停止
    IN2=0;
    IN3=0;              //右电动机停止
    IN4=0;
}
//=======================================================
// 函数: Sent(unsigned char *s,unsigned char n)
// 描述: 发送字符子程序, s-字符串, n-是否加回车换行符(1-加, 0-不加)
//=======================================================
void Sent(unsigned char *s,unsigned char n)
{
    unsigned int char_length,j;
    char_length = strlen(s);      //字符串长度
    for (j=0;j<char_length;j++)
    {
        tbuf[j]=s[j];
    }
    tbuf[char_length]=0x0D;      //加回车换行符号
    tbuf[char_length+1]=0x0A;
    sp=0;
    sn=char_length+(n<<1);       //n 确定是否发送回车换行符号
    SBUF=tbuf[0];
}
//=======================================================
// 函数: void main(void)
```

```
// 描述：主函数
//==================================================
void main(void)
{
    stop();                      //停止
    GPIO_Init();                 //端口初始化
    Timer_Uart_Init();           //定时器初始化
    Speed(20,20);                //初始速度
    EA = 1;                      //允许全局中断
    Sleep(8000);
    Sent("AT+CIPSTART=\"UDP\",\"192.168.4.2\",6000,8080,0",1);
    Sleep(500);                  //设 WiFi 为 UDP 连接
    Sent("AT+CIPMODE=1",1); //进入透传
    Sleep(500);
    Sent("AT+CIPSEND",1);    //发送数据
    Sleep(500);
    rnew=0;
    while (1)
    {
        if(t2>300)
        {
            t2=0;                //0.3 秒返回收到数据
            tbuf[0]=0xDB;
            tbuf[1]=SPL;
            tbuf[2]=SPR;
            tbuf[3]=YK;
            sp=0;
            sn=4;
            SBUF=tbuf[0];
        }

        if(rnew)                 //串口有新数据
        {
            rnew=0;
            if(rbuf[0]==0xDB);   //是首字节
            {
                SPL=rbuf[1];
                SPR=rbuf[2];
                YK=rbuf[3];      //模式赋值
                Speed(SPL,SPR); //改变速度
            }
        }
        if(YK==0)  stop();       //停止
        if(YK==1)                //前进
        {
            rightrun();
            Sleep(200);
```

```
                YK=3;
        }
        if(YK==2)                    //左转
        {
            leftrun();
            Sleep(200);
            YK=3;
        }
        if(YK==3)  run();            //右转
        if(YK==4)  backrun();        //后退
    }
}
//========================================================
// 函数: tm0_isr() interrupt 1
// 描述: 定时器 0 中断函数, 1ms
//========================================================
void tm0_isr() interrupt 1
{
    t0++;
    t2++;
    if (ring) t1++;              //接收数据过程计时,中断接到数据清零
    else t1=0;
    if(t1>20)                    //如果 20ms 内无新数据,判为一帧数据结束
    {
        rnew=1;                  //置位有新数据标志
        ring=0;                  //正在接收新数据标志位清零,可以接收新数据
        rn++;                    //接收数据字节数修正
    }
}
//========================================================
// 函数: COMInt(void) interrupt 4
// 说明: 通信中断子程序
//========================================================
void COMInt(void) interrupt 4
{
    unsigned char t;            //临时量
    if(RI)                      //串口收到数据
    {
        t=SBUF;                 //读入数据
        RI=0;
        t1=0;                   //超时清零
        if(!ring)
        {
            ring=1;
            rn=0;               //清零
            rbuf[rn]=t;         //保存数据
        }
```

```
        else
        {
            rn++;                          //读取 FIFO 的数据并清除中断
            if(rn<20) rbuf[rn]=t;
        }
    }
    else                                   //TI=1
    {
        TI=0;                              //清除发送完成标志
        sp++;                              //指针加 1
        if(sp<sn) SBUF=tbuf[sp];  //发送数据
    }
}
```

6.3.3　WiFi 遥控小车的 Android 程序

　　WiFi 遥控小车运行时手机界面见图 6-9，先给小车通电，然后打开手机 WiFi 开关，搜索并登录 ESP8266，单击"连接"按钮，连接成功后再单击控制按钮就可以控制小车动作了。手机 Android 程序如下。

图 6-9　WiFi 遥控小车运行时手机界面

```
package zhou.ch.s.udp;
import android.os.Handler;
import android.os.Message;
import android.support.v7.app.AppCompatActivity;
import android.os.Bundle;
import android.view.View;
import android.widget.Button;
import android.widget.EditText;
import android.widget.RadioGroup;
```

```java
import android.widget.TextView;
import java.io.IOException;
import java.net.DatagramPacket;
import java.net.DatagramSocket;
import java.net.InetAddress;

public class MainActivity extends AppCompatActivity
implements View.OnClickListener,RadioGroup.OnCheckedChangeListener {
    private TextView tv;                          //状态显示栏
     private EditText ServiceIP,ServicePort;      //远程 IP 和端口
     private Handler myhandler;                   //消息进程
    private DatagramSocket udp;                   //UDP 用 socket
    private DatagramPacket rpacket,tpacket;       //UDP 发送接收数据包
    boolean running = false;
    private Button btnRun,btnLeft,btnRight,btnStopY,btnBack;    //定义控制按钮
    private Button btnStart,btnStop;              //定义网络连接与断开按钮
    private RadioGroup mod;                       //定义单选按钮容器
    private StartThread st;                       //定义 UDP 连接线程
    private ReceiveThread rt;                     //定义数据接收线程
    private byte[] cmd={                          //发送命令数据
            (byte)0xDB,(byte)0x32,(byte)0x32,(byte)0x00
    };
    private byte rev[] = new byte[100];           //接收数据
    private int len;                              //接收到数据长度
    protected void onCreate(Bundle savedInstanceState) {
        super.onCreate(savedInstanceState); //初始化控件
        setContentView(R.layout.activity_main);
        tv = (TextView) findViewById(R.id.idSta);
        ServiceIP = (EditText) findViewById(R.id.idIP);
        ServicePort = (EditText) findViewById(R.id.idPort);
        btnRun = (Button) findViewById(R.id.button4);
        btnLeft = (Button) findViewById(R.id.button5);
        btnRight = (Button) findViewById(R.id.button3);
        btnStopY = (Button) findViewById(R.id.button6);
        btnBack = (Button) findViewById(R.id.button);
        btnStart = (Button) findViewById(R.id.idConnect);
        btnStop = (Button) findViewById(R.id.idStop);
        mod=(RadioGroup) findViewById(R.id.idmod);
        mod.setOnCheckedChangeListener(this);
        btnRun.setOnClickListener(this);
        btnLeft.setOnClickListener(this);
        btnRight.setOnClickListener(this);
        btnStopY.setOnClickListener(this);
        btnBack.setOnClickListener(this);
        btnStart.setOnClickListener(this);
        btnStop.setOnClickListener(this);
        myhandler = new MyHandler();                 //实例化 Handler,用于进程间的通信
```

```
    }
    //按键响应程序
public void onClick(View v) {
    switch (v.getId()){
        case R.id.idConnect:        //连接
            st = new StartThread();
            st.start();
            break;
        case R.id.idStop:           //断开连接
            running = false;
            try {
                udp.close();
                running=false;
                Message msg = myhandler.obtainMessage();
                msg.what = 3;
                myhandler.sendMessage(msg);
            } catch (NullPointerException e) {
            }
            break;
        case R.id.button4:          //前进
            cmd[3]=0x03;
            if(running) sent();
            break;
        case R.id.button3:          //左转
            cmd[3]=0x01;
            if(running) sent();
            break;
        case R.id.button5:          //右转
            cmd[3]=0x02;
            if(running) sent();
            break;
        case R.id.button:           //后退
            cmd[3]=0x04;
            if(running) sent();
            break;
        case R.id.button6:          //停止
            cmd[3]=0x00;
            if(running) sent();
            break;
    }
}
    //速度选择
public void onCheckedChanged(RadioGroup mod,int checkedId){
    switch (checkedId){
        case R.id.radioButton1: //低速
            cmd[1]=50;
            cmd[2]=50;
```

```
            break;
        case R.id.radioButton2: //中速
            cmd[1]=70;
            cmd[2]=70;
            break;
        case R.id.radioButton3: //高速
            cmd[1]=100;
            cmd[2]=100;
            break;
    }
    if(running) sent();
}
//连接线程
private class StartThread extends Thread{
    public void run() {
        try {
            udp = new DatagramSocket(6000);  //UDP 本地端口为 6000
             udp.connect(InetAddress.getByName(ServiceIP.getText()
 .toString()),Integer.parseInt(ServicePort.getText().toString()));
            rt = new ReceiveThread();          //开启接收数据线程
            rt.start();
            running=true;
            Message msg = myhandler.obtainMessage();
            msg.what = 0;
            myhandler.sendMessage(msg);
        } catch (Exception e) {
            Message msg = myhandler.obtainMessage();
            msg.what = 1;
            msg.obj =e.toString();
            myhandler.sendMessage(msg);
        }
    }
}
 //接收数据线程
private class ReceiveThread extends Thread{
    @Override
    public void run() {
        while (running) {
            rpacket = null;
            try {
                rpacket = new DatagramPacket(rev, rev.length);
                udp.receive(rpacket);
                len=rpacket.getLength();          //接收到数据的字节数
            } catch (NullPointerException e) {
                running = false;//防止服务器端关闭导致客户端读到空指针而使程序崩溃
                e.printStackTrace();
                break;
```

```
        } catch (IOException e) {
            e.printStackTrace();
        }
        //用 Handler 把读取到的信息发到主线程
        Message msg = myhandler.obtainMessage();
        msg.what = 4;
        if(len>0) myhandler.sendMessage(msg);
        try {
            sleep(50);
        } catch (InterruptedException e) {
            e.printStackTrace();
        }
    }
}
//发送数据子程序
public void sent() {          //发送字节数据
    tpacket = null;
    try {
        tpacket = new DatagramPacket(cmd, 4);
        udp.send(tpacket);
    } catch (Exception e) {
    }
}
//消息处理线程
class  MyHandler extends Handler{
    private int i;
    private String s;
    public void handleMessage(Message msg) {
        switch (msg.what) {
            case 0:
                tv.setText("连接成功");
                break;
            case 1:
                String str = (String) msg.obj;
                tv.setText(str);
                break;
            case 3:
                tv.setText("断开连接");
                break;
            case 4:      //收到数据，显示并发送数据
                tv.setText(String.format("%02X",rev[0])+String.format(
"%02X",rev[1])+String.format("%02X",rev[2])+String.format("%02X",rev[3]));
        }
    }
}
}
```

第 7 章　STC15W 单片机 SPI 通信

STC15W 系列单片机除了低端的 100S 系列和 201S 系列，都有 SPI 通信接口。SPI 是一种全双工、高速、同步的通信总线，特点是速度快，单片机外围需要高速通信的接口芯片都有 SPI 接口。本章将介绍如何用 SPI 通信接口扩展以太网接口和 CAN 通信接口。

7.1　SPI 通信应用

7.1.1　与 SPI 功能有关的寄存器设置

与 SPI 功能有关的寄存器见表 7-1，共有 7 个寄存器，前 3 个是 SPI 通信必须使用的，后 4 个在不使用中断和 SPI 引脚切换功能时不用设置，使用默认设置即可。

表 7-1　与 SPI 功能有关的寄存器

符　号	描　　述	位地址及其符号							
		B7	B6	B5	B4	B3	B2	B1	B0
SPCTL	SPI 控制	SSIG	SPEN	DORD	MSTR	CPOL	CPHA	SPR1	SPR0
SPSTAT	SPI 状态	SPIF	WCOL						
SPDAT	SPI 数据								
IE	总中断使能	EA							
IE2	SPI 中断使能							ESPI	
IP2	中断优先级							PSPI	
P_SW1	外围设备切换					SPI_S1	SPI_S0		

1. SPI 控制寄存器 SPCTL

SSIG：置 1 时 MSTR 确定器件为主机或从机。

SPEN：置 1 时使能 SPI，置 0 时所有 SPI 引脚作为 I/O 口使用。

DORD：置 0 时先发送数据字的 MSB（高位），置 1 时先发送 LSB（低位）。

MSTR：置 1 时为主机模式。

CPOL：时钟极性，置 0 时 SCLK 空闲时为低电平，置 1 时 SCLK 空闲时为高电平。

CPHA：时钟相位，置 0。

SPR1、SPR0：时钟频率选择位，为 00 时选择 CPU_CLK/4，为 01 时选择 PU_CLK/8，为 10 时选择 CPU_CLK/16，为 11 时选择 CPU_CLK/32。

2．SPI 状态寄存器 SPSTAT

SPIF：传输完成标志，用于查询或产生中断，需手动清零。
WCOL：SPI 写冲突标志。

3．SPI 数据寄存器 SPDAT

主机模式下写 SPDAT，启动 SPI 数据传输，发出写入数据，传输完成后 SPDAT 内容为接收到的数据，可直接读出。如果只是读取数据，也要发送任意数据，一般发送 0，启动 SPI 时钟序列才能读取数据。

4．中断相关寄存器 IE、IE2、IP2

EA：CPU 总中断使能，置 0 时禁止，置 1 时允许。
ESPI：SPI 中断使能，置 0 时禁止 SPI 中断，置 1 时允许 SPI 中断。
PSPI：置 0 时 SPI 优先级低，置 1 时 SPI 优先级高。

5．外围设备切换寄存器 P_SW1

SPI_S1、SPI_S0：为 00 时 SPI 在 P1，为 01 时 SPI 在 P2，为 10 时 SPI 在 P5，默认在 P1，如需使用其他引脚，需确定所使用封装是否有这些引脚。

7.1.2　SPI 发送数据测试

编写测试程序如下：

```
//SPI 接口: SCK0-P1.5; MISO0-P1.4; MOSI0-P1.3
#include "STC15Wxx.h"
sbit CS=P1^7;
void GPIO_Init (void)
{
    P0M1 = 0x00;  P0M0 = 0x00;  //设置 P0 为准双向口
    P1M1 = 0x00;  P1M0 = 0x00;  //设置 P1 为准双向口
}
//SPI 接口初始化
void InitSPI(void)
{
    SPSTAT = 0XC0;              //清除 SPI 状态位
    SPCTL = 0xD0 ;              //主机模式，使能 SPI，高位在前，时钟 4 分频
}
//延时程序
void delay_ms(unsigned int ms)
{
    unsigned char i, j;
    for (;ms > 0; ms --)
    {
        i = 22;
```

```
        j = 128;
        do
        {
            while (--j);
        } while (--i);
    }
}
//主函数，测试SPI
int main(void)
{
    GPIO_Init ();        //初始化端口
    InitSPI();           //初始化SPI
    while (1)
    {
        CS=0;
        SPDAT = 5;       //发送5
        while (!(SPSTAT & 0x80));
        SPSTAT = 0xC0;
        SPDAT = 6;       //发送6
        while (!(SPSTAT & 0x80));
        SPSTAT = 0xC0;
        SPDAT = 7;       //发送7
        while (!(SPSTAT & 0x80));
        SPSTAT = 0xC0;
        SPDAT = 8;       //发送8
        while (!(SPSTAT & 0x80));
        SPSTAT = 0xC0;
        CS=1;
        delay_ms(100);  //延时0.1s
    }
}
```

测试时通过逻辑分析仪查看单片机 SPI 引脚输出波形如图 7-1 所示，SPI 时钟频率计算值 11.0592/4=2.76MHz，实测为 2.67MHz，基本一致，数据传输速度比较快。

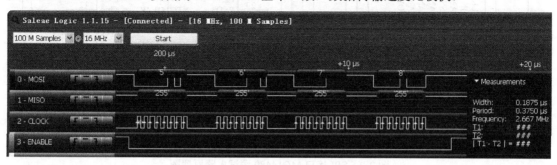

图 7-1　单片机 SPI 引脚输出波形

7.1.3 SPI 接口 LED 驱动器 MC14489

SPI 接口 LED 驱动芯片较多,最经典的 74HC595 可以带 1 位数码管,通过级联能扩展显示位数,常用的 HD7279、MAX7219 能带 8 位数码管。MC14489 的使用方法和 MAX7219 相似,带 5 位数码管,特点是有译码功能,只需外接 1 个电阻就能控制每个段的电流。

SPI 接口 MC14489 测试电路原理图见图 7-2,MC14489 的引脚功能如下:

● 引脚 a~h:接 LED 数码管各段。

● 引脚 BANK1~BANK5:接 LED 数码管的共阴极。

● SPI 接口:EN、CLK 和 DIN 分别对应单片机的 CS(P1.7)、SCLK 和 MOSI。

● 引脚 Rx:外接 1kΩ 限流电阻,取值范围为 700Ω 到无穷大,当取值 700Ω 时,段的峰值电流约为 35mA,取值越大,亮度越低。

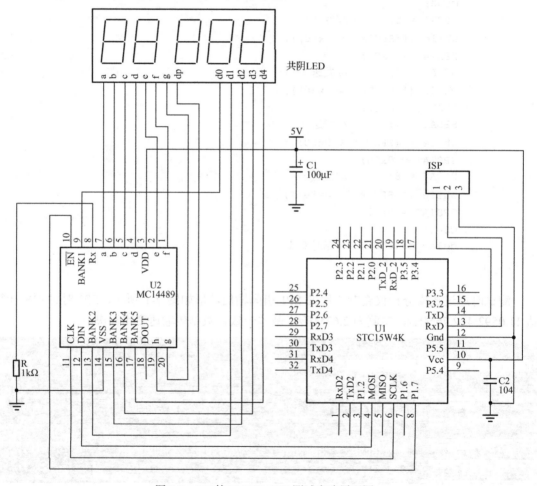

图 7-2 SPI 接口 MC14489 测试电路原理图

MC14489 内部有 2 组寄存器,1 组 8 位控制寄存器,1 组 24 位显示寄存器,具有写入数据自动切换功能。在引脚 EN 端下降沿时开始传输数据,上升沿时检测到数据是 8 位就送到控制寄存器，数据是 24 位就送到显示寄存器。

控制寄存器各位的作用见图 7-3，C0 控制是否显示，C1～C7 控制是否译码及译码方式。显示寄存器各位的作用见图 7-4，除了控制 5 位数码显示内容，还控制小数点的显示位置和 LED 亮度状态。不同译码方式时的段译码见表 7-2。

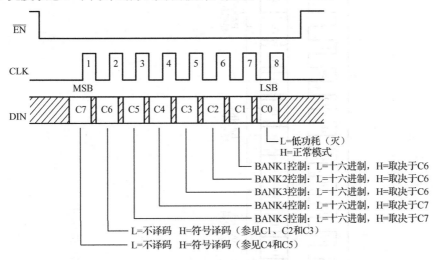

图 7-3　控制寄存器各位的作用

表 7-2　MC14489 不同译码方式时的段译码表

BANK 值		译　码		不　译　码			
十六进制	二进制	十六进制	符号	d	c	b	a
0x00	0000	0					
0x01	0001	1	c				on
0x02	0010	2	H			on	
0x03	0011	3	h			on	on
0x04	0100	4	J		on		
0x05	0101	5	L		on		on
0x06	0110	6	n		on	on	
0x07	0111	7	o		on	on	on
0x08	1000	8	P	on			
0x09	1001	9	r	on			on
0x0A	1010	A	U	on		on	
0x0B	1011	B	u	on		on	on
0x0C	1100	C	y	on	on		
0x0D	1101	D	-	on	on		on
0x0E	1110	E	=	on	on	on	
0x0F	1111	F	°	on	on	on	on

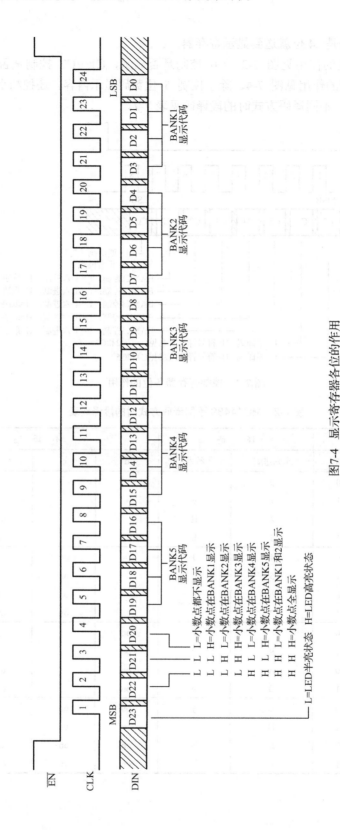

图7-4 显示寄存器各位的作用

测试代码如下，主程序初始化时设定为十六进制译码，正常显示，工作时显示累时间隔为 0.1s 的累时数据，1 位小数。

```c
//SPI 接口：SCK0-P1.5 MISO0-P1.4 MOSI0-P1.3
#include "STC15Wxx.h"
#define MAIN_Fosc        11059200L        //定义主时钟
#define T1MS (65536-MAIN_Fosc/1000)      //1T 模式
sbit CS=P1^7;                //定义片选端
unsigned int Num;            //待显示数据
unsigned int t0;            //计时
void GPIO_Init (void)
{
    P0M1 = 0x00;   P0M0 = 0x00;   //设置 P0 为准双向口
    P1M1 = 0x00;   P1M0 = 0x00;   //设置 P1 为准双向口
}
//SPI 接口初始化
void InitSPI(void)
{
    SPSTAT = 0XC0;              //清除 SPI 状态位
    SPCTL = 0xD0 ;            //主机模式，使能 SPI，高位在前，时钟 4 分频
}
//定时器初始化
void  Timer_Init(void)
{
    AUXR = 0xC5;            //定时器 0 为 1T 模式
    TMOD = 0x00;            //设置定时器为模式 0(16 位自动重装载)
    TL0 = T1MS;            //初始化计时值
    TH0 = T1MS >> 8;
    TR0 = 1;              //定时器 0 开始计时
    ET0 = 1;              //使能定时器 0 中断
     AUXR |= 0x10;            //启动定时器
}
//数码显示子程序，n-待显示数值，dp-小数点位数，为 0 时不显示
void show(unsigned int n,unsigned char dp)
{
    unsigned char n1,n2,n3,n4,n5;   //小数、个、十、百、千位数字
    n1=n%10;                //数值分解
    n2=(n%100)/10;
    n3=(n%1000)/100;
    n4=(n%10000)/1000;
    n5=n/10000;
    CS=0;
    SPDAT = 0x80|((5-dp)<<4)|n1;   //赋值，发送小数点位置及小数位
    while (!(SPSTAT & 0x80));   //等待发送完成
    SPSTAT = 0xC0;              //清除 SPI 状态位
    SPDAT = (n2<<4)|n3;          //赋值，发送个位、十位
    while (!(SPSTAT & 0x80));   //等待发送完成
```

```c
    SPSTAT = 0xC0;                  //清除 SPI 状态位
    SPDAT = (n4<<4)|n5;             //赋值，发送百位、千位
    while (!(SPSTAT & 0x80));        //等待发送完成
    SPSTAT = 0xC0;                  //清除 SPI 状态位
    CS=1;
}
//主函数，测试 LED 显示
int main(void)
{
    GPIO_Init ();           //初始化端口
    Timer_Init();
    InitSPI();              //初始化 SPI
    EA=1;
    t0=0;
    while(t0<200);          //延时 0.2s
    CS=0;
    SPDAT = 0xC1;           //设置 MC14489 为译码方式
    while (!(SPSTAT & 0x80));
    SPSTAT = 0xC0;
    CS=1;
    while (1)
    {
        if(t0>100)
        {
            t0=0;
            Num++;
            show(Num,1);
        }
    }
}
//定时器 0 中断函数，1ms
void tm0_isr() interrupt 1
{
    t0++;
}
```

7.2　SPI 接口转以太网接口芯片 W5500 的应用

7.2.1　W5500 简介

W5500 是一款 SPI 接口的嵌入式以太网控制器，具有 10/100Mbps 以太网网络层（MAC）、物理层（PHY）和完整的硬件 TCP/IP 协议栈，特别适合单片机实现以太网接口。W5500 全硬件的 TCP/IP 协议栈支持 TCP、UDP、IPv4、ICMP、ARP、IGMP 和 PPPoE 协

议，各种协议的连接、应答和内部数据交换过程是自动完成的，单片机得到的是最终的有效数据，极大提高了单片机处理以太网数据的能力。

1. 引脚分配

W5500 采用 48 引脚 LQFP 无铅封装，引脚分布见图 7-5，引脚描述见表 7-3。引脚按功能划分由电源、晶振、以太网信号接口、SPI 接口、状态指示等组成。

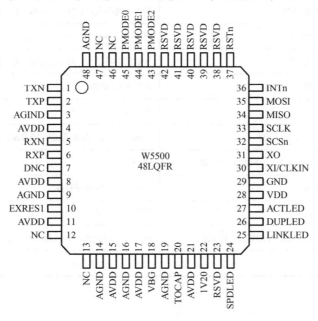

图 7-5 W5500 引脚分布图

W5500 工作电压为 3.3V，I/O 信号口耐压 5V，晶振用 25MHz，以太网信号接口需通过专用变压器连接 RJ45 插座。SPI 理论上支持高达 80MHz 的通信速率，实际应用中单片机的 SPI 通信速率不会超过 10MHz，状态指示接 LED 指示工作状态。

表 7-3 W5500 引脚描述

引脚编号	符　　号	说　　明
1、2	TXN、TXP	差分信号发送
5、6	RXN、RXP	差分信号接收
4、8、11、15 17、21	AVDD	模拟 3.3V 电源
3、9、14、16 19、48	AGND	模拟地
10	EXRES1	外部参考电阻，12.4kΩ
18	VBG	带隙输出电压，1.2V，悬空
20	TOCAP	外部参考电容，4.7μF

引脚编号	符　号	说　明
22	1V2O	1.2V 稳压输出，接 10nF 电容
23、38~42	RSVD	接地
24	SPDLED	网络速度指示灯：H—10Mbps，L—100Mbps
25	LINKLED	网络连接指示灯：H—未连接，L—已连接
26	DUPLED	全/半双工指示灯：H—半双工，L—全双工
27	ACTLED	活动状态指示灯：H—无数据，L—有数据
28	VDD	数字 3.3V 电源
29	GND	数字地
30、31	XI/CLKIN、XO	25MHz 晶振，有源晶振从 XI 脚输入，XO 悬空
32、33、34、35	SCSn、SCLK、MISO、MOSI	SPI 接口
36	INTn	中断输出，低电平有效
37	RSTn	复位，低电平维持 500μs 有效
43、44、45	PMODE2、PMODE1、PMODE	PHY 工作模式选择，内部上拉，都悬空时自动协商
46、47	NC	空脚

2. SPI 接口

W5500 的 SPI 数据帧格式见图 7-6，包括了 16 位地址段的偏移地址，8 位控制段和 N 字节数据段。

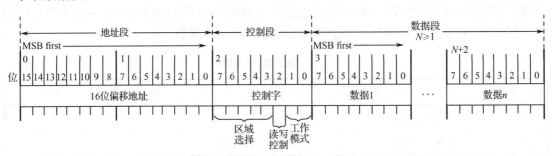

图 7-6　W5500 的 SPI 数据帧格式

地址段为 W5500 的寄存器或 TX/RX 缓存区指定了 16 位的偏移地址；控制段指定了地址段设定的偏移区域的选择、读/写控制，以及 SPI 工作模式；数据段通过偏移地址自增支持连续数据读/写。

3．寄存器和内存构成

W5500 有 1 个通用寄存器区、8 个 Socket 寄存器区，以及对应每个 Socket 的收/发缓存区。 每个区域均通过 SPI 数据帧的区域选择位来选取。每一个 Socket 的发送缓存区都在一个 16KB 的物理发送内存中，初始化分配为 2KB。每一个 Socket 的接收缓存区都在一个 16KB 的物理接收内存中，初始化分配为 2KB。

7.2.2　基于 W5500 的串口服务器设计

在大型工业现场，有些串口设备离主控室距离较远，无法直接传输数据，需要将串口转为以太网口接入就近网络交换机，通过以太网交换数据，这种串口和以太网口转换设备称为串口服务器。用单片机 STC15W4K16S 结合以太网芯片 W5500 设计一种串口服务器，最多允许 8 个上位机与其建立连接、交换数据。

1．串口服务器电路原理图

串口服务器电路原理图见图 7-7，由单片机、RS485 电路、以太网电路、电源稳压 4 部分组成。串口服务器使用 DC5V 直流电源，内部经 AMS1117-3.3 稳压为 3.3V 供电路使用；单片机 STC15W4K16S 串口 1 用于编程和设定网络服务器 MAC 地址和 IP 地址，设定内容存入单片机内部 EEPROM；串口 3 转为 RS485 与串口设备通信；SPI 接口接以太网电路 W5500，自动实现串口和以太网接口间数据的互相转发，实现透明传输。W5500 使用外部 25MHz 晶振，模拟电源和 3.3V 电源加电感 L 隔离，未使用硬件中断输出引脚，采用软件查询方式工作。以太网 RJ45 插座使用 HR911105A，内部有网络变压器和状态指示灯，两个状态指示灯分别接连接指示 LINKLED 和数据活动指示 ACTLED。

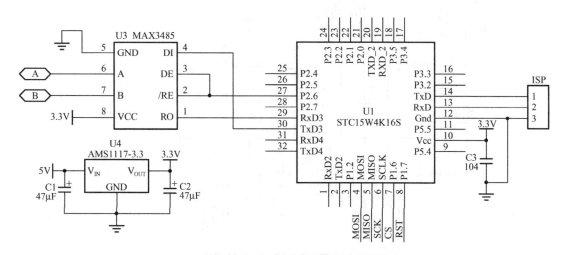

图 7-7　串口服务器电路原理图

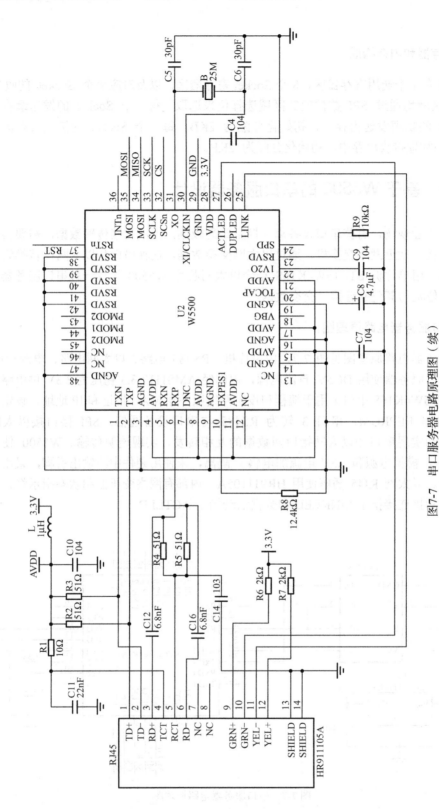

图7-7　串口服务器电路原理图（续）

2. W5500 驱动 C 程序

W5500 驱动含 SPI 引脚定义、SPI 数据读写函数、寄存器和数据缓冲器的读/写函数,利用这些基本函数,在主程序中可以操作 W5500 进行网络参数设定和网络数据交换。

```c
// W5500 驱动,适用于 STC15W 系列单片机,硬件 SPI 接口
#include "STC15Wxx.h"
#include "W5500.h"
// SPI 引脚定义,SCK0-P1.5, MISO0-P1.4, MOSIO-P1.3
sbit W5500_RST = P1^7;            //定义 W5500 的 RST 引脚
sbit W5500_SCS = P1^6;            //定义 W5500 的 CS 引脚
// 延时函数(ms)
void Delay(unsigned int x)
{
    unsigned int i,j;
    for(i=0;i<x;i++) for(j=0;j<3000;j++) ;
}
// SPI 读取 8 位数据
unsigned char SPI_Read_Byte(void)
{
    SPDAT = 0x00;                 //触发 SPI 发送数据
    while (!(SPSTAT & 0x80));     //等待发送完成
    SPSTAT = 0xC0;                //清除 SPI 状态位
    return SPDAT;                 //返回 SPI 数据
}
// SPI 发送 8 位数据 dt
void SPI_Send_Byte(unsigned char dt)
{
    SPDAT = dt;                   //触发 SPI 发送数据
    while (!(SPSTAT & 0x80));     //等待发送完成
    SPSTAT = 0xC0;                //清除 SPI 状态位
}
// SPI 发送 16 位数据 dt
void SPI_Send_Short(unsigned short dt)
{
    SPI_Send_Byte((unsigned char)(dt/256));   //写数据高位
    SPI_Send_Byte(dt);                         //写数据低位
}
// 向指定地址寄存器 reg 写 8 位数据 dat
void Write_W5500_1Byte(unsigned short reg, unsigned char dat)
{
    W5500_SCS=0;                              //置 W5500 的 SCS 为低电平
    SPI_Send_Short(reg);                      //通过 SPI 写 16 位寄存器地址
    SPI_Send_Byte(FDM1|RWB_WRITE|COMMON_R);   //通过 SPI 写控制字节,1 个字节数据长
度,写数据,选择通用寄存器
    SPI_Send_Byte(dat);                       //写 1 个字节数据
    W5500_SCS=1;                              //置 W5500 的 SCS 为高电平
}
```

```c
// 向指定地址寄存器 reg 写 16 位数据 dat
void Write_W5500_2Byte(unsigned short reg, unsigned short dat)
{
    W5500_SCS=0;                                   //置 W5500 的 SCS 为低电平
    SPI_Send_Short(reg);                           //通过 SPI 写 16 位寄存器地址
    SPI_Send_Byte(FDM2|RWB_WRITE|COMMON_R);//通过 SPI 写控制字节,2 个字节数据长
度,写数据,选择通用寄存器
    SPI_Send_Short(dat);                           //写 16 位数据
    W5500_SCS=1;                                   //置 W5500 的 SCS 为高电平
}
// 向指定地址寄存器 reg 写 size 个字节数据, *dat_ptr-待写入数据缓冲区指针
void   Write_W5500_nByte(unsigned   short   reg,   unsigned   char   *dat_ptr,
unsigned short size)
{
    unsigned short i;
    W5500_SCS=0;                                   //置 W5500 的 SCS 为低电平
    SPI_Send_Short(reg);                           //通过 SPI 写 16 位寄存器地址
    SPI_Send_Byte(VDM|RWB_WRITE|COMMON_R); //通过 SPI 写控制字节,N 个字节数据长
度,写数据,选择通用寄存器
    for(i=0;i<size;i++)                            //循环将缓冲区的 size 个字节数据写入
W5500
    {
        SPI_Send_Byte(*dat_ptr++);                 //写一个字节数据
    }
    W5500_SCS=1;                                   //置 W5500 的 SCS 为高电平
}
// 向指定端口 s, 寄存器 reg 写 8 位数据 dat
void Write_W5500_SOCK_1Byte(SOCKET s, unsigned short reg, unsigned char
dat)
{
    W5500_SCS=0;                                   //置 W5500 的 SCS 为低电平
    SPI_Send_Short(reg);                           //通过 SPI 写 16 位寄存器地址
    SPI_Send_Byte(FDM1|RWB_WRITE|(s*0x20+0x08));//通过 SPI 写控制字节, 1 个字节
数据长度,写数据,选择端口 s 的寄存器
    SPI_Send_Byte(dat);                            //写 1 个字节数据
    W5500_SCS=1;                                   //置 W5500 的 SCS 为高电平
}
// 向指定端口 s, 寄存器 reg 写 16 位数据 dat
void Write_W5500_SOCK_2Byte(SOCKET s, unsigned short reg, unsigned short
dat)
{
    W5500_SCS=0;                                   //置 W5500 的 SCS 为低电平
    SPI_Send_Short(reg);                           //通过 SPI 写 16 位寄存器地址
    SPI_Send_Byte(FDM2|RWB_WRITE|(s*0x20+0x08));//通过 SPI 写控制字节, 2 个字节
数据长度,写数据,选择端口 s 的寄存器
    SPI_Send_Short(dat);                           //写 16 位数据
    W5500_SCS=1;                                   //置 W5500 的 SCS 为高电平
```

```
}
// 读指定地址寄存器 reg 的 1 个字节数据
unsigned char Read_W5500_1Byte(unsigned short reg)
{
    unsigned char i;
    W5500_SCS=0;                              //置 W5500 的 SCS 为低电平
    SPI_Send_Short(reg);                      //通过 SPI 写 16 位寄存器地址
    SPI_Send_Byte(FDM1|RWB_READ|COMMON_R);//通过 SPI 写控制字节, 1 个字节数据长
度, 读数据, 选择通用寄存器
    i=SPI_Read_Byte();
    W5500_SCS=1;                              //置 W5500 的 SCS 为高电平
    return i;                                 //返回读取到的寄存器数据
}
// 读指定端口 s, 寄存器 reg 的 1 个字节数据
unsigned char Read_W5500_SOCK_1Byte(SOCKET s, unsigned short reg)
{
    unsigned char i;
    W5500_SCS=0;                              //置 W5500 的 SCS 为低电平
    SPI_Send_Short(reg);                      //通过 SPI 写 16 位寄存器地址
    SPI_Send_Byte(FDM1|RWB_READ|(s*0x20+0x08));//通过 SPI 写控制字节, 1 个字节数
据长度, 读数据, 选择端口 s 的寄存器
    i=SPI_Read_Byte();
    W5500_SCS=1;                              //置 W5500 的 SCS 为高电平
    return i;                                 //返回读取到的寄存器数据
}

// 读指定端口 s, 寄存器 reg 的 16 位数据
unsigned short Read_W5500_SOCK_2Byte(SOCKET s, unsigned short reg)
{
    unsigned short i;
    W5500_SCS=0;                              //置 W5500 的 SCS 为低电平
    SPI_Send_Short(reg);                      //通过 SPI 写 16 位寄存器地址
    SPI_Send_Byte(FDM2|RWB_READ|(s*0x20+0x08));//通过 SPI 写控制字节, 2 个字节数
据长度, 读数据, 选择端口 s 的寄存器
    i=SPI_Read_Byte();
    i*=256;
    i+=SPI_Read_Byte();                       //读取低位数据
    W5500_SCS=1;                              //置 W5500 的 SCS 为高电平
    return i;                                 //返回读取到的寄存器数据
}
// 硬件复位 W5500
void W5500_Hardware_Reset(void)
{
    W5500_RST=0;                              //复位引脚拉低
    Delay(10);
    W5500_RST=1;                              //复位引脚拉高
    Delay(10);
```

```
    }
    // 初始化 W5500 寄存器
    void W5500_Init(void)
    {
        unsigned char i=0;
        Write_W5500_1Byte(MR, RST);                //软件复位 W5500
        Delay(10);                                 //延时 10ms
        Write_W5500_nByte(GAR, Gateway_IP, 4);     //设置网关
        Write_W5500_nByte(SUBR, Sub_Mask,4);       //设置子网掩码
        Write_W5500_nByte(SHAR, Phy_Addr,6);       //设置 MAC 地址，第一个字节为偶数
        Write_W5500_nByte(SIPR, IP_Addr,4);        //设置本机的 IP 地址
        for(i=0;i<8;i++)                           //设置发送缓冲区和接收缓冲区的大小
        {
            Write_W5500_SOCK_1Byte(i,Sn_RXBUF_SIZE, 0x02);//Socket Rx memory
size=2k
            Write_W5500_SOCK_1Byte(i,Sn_TXBUF_SIZE, 0x02);//Socket Tx mempry
size=2k
        }
        Write_W5500_2Byte(RTR, 0x07d0);            //设置重试时间，默认为 2000(200ms)
        Write_W5500_1Byte(RCR,8);                  //设置重试次数，默认为 8 次
    }
    // 设置指定 Socket(0~7)作为服务器等待远程主机的连接
    unsigned char Socket_Listen(SOCKET s)
    {
        Write_W5500_SOCK_1Byte(s,Sn_MR,MR_TCP);//设置 socket 为 TCP 模式
        Write_W5500_SOCK_1Byte(s,Sn_CR,OPEN);  //打开 Socket
        Delay(5);                                  //延时 5ms
        if(Read_W5500_SOCK_1Byte(s,Sn_SR)!=SOCK_INIT)  //如果 socket 打开失败
        {
            Write_W5500_SOCK_1Byte(s,Sn_CR,CLOSE);     //打开不成功，关闭 Socket
            return FALSE;                              //返回 FALSE(0x00)
        }
        Write_W5500_SOCK_1Byte(s,Sn_CR,LISTEN);        //设置 Socket 为侦听模式
        Delay(5);                                      //延时 5ms
        if(Read_W5500_SOCK_1Byte(s,Sn_SR)!=SOCK_LISTEN)//如果 socket 设置失败
        {
            Write_W5500_SOCK_1Byte(s,Sn_CR,CLOSE);     //设置不成功，关闭 Socket
            return FALSE;                              //返回 FALSE(0x00)
        }
        return TRUE;
    }
    // 从端口 s 接收数据缓冲区中读取数据，保存至*dat_ptr，返回值=读取到的数据长度
    unsigned short Read_SOCK_Data_Buffer(SOCKET s, unsigned char *dat_ptr)
    {
        unsigned short rx_size;
        unsigned short offset, offset1;
        unsigned short i;
```

```
        unsigned char j;
        rx_size=Read_W5500_SOCK_2Byte(s,Sn_RX_RSR);
        if(rx_size==0) return 0;                    //没接收到数据则返回
        if(rx_size>1460) rx_size=1460;
        offset=Read_W5500_SOCK_2Byte(s,Sn_RX_RD);
        offset1=offset;
        offset&=(S_RX_SIZE-1);                       //计算实际的物理地址
        W5500_SCS=0;                                 //置 W5500 的 SCS 为低电平
        SPI_Send_Short(offset);                      //写 16 位地址
        SPI_Send_Byte(VDM|RWB_READ|(s*0x20+0x18)); //写控制字节，N 个字节数据长度，
读数据，选择端口 s 的寄存器
        if((offset+rx_size)<S_RX_SIZE)               //如果最大地址未超过 W5500 接收缓冲区
寄存器的最大地址
        {
            for(i=0;i<rx_size;i++)                   //循环读取 rx_size 个字节数据
            {
                j=SPI_Read_Byte();                   //读取 1 个字节数据
                *dat_ptr=j;                          //将读取到的数据保存到数据保存缓冲区
                dat_ptr++;                           //数据保存缓冲区指针地址自增 1
            }
        }
        else                                 //如果最大地址超过 W5500 接收缓冲区寄存器的最大地址
        {
            offset=S_RX_SIZE-offset;
            for(i=0;i<offset;i++)                    //循环读取出前 offset 个字节数据
            {
                j=SPI_Read_Byte();                   //读取 1 个字节数据
                *dat_ptr=j;                          //将读取到的数据保存到数据保存缓冲区
                dat_ptr++;                           //数据保存缓冲区指针地址自增 1
            }
            W5500_SCS=1;                             //置 W5500 的 SCS 为高电平
            W5500_SCS=0;                             //置 W5500 的 SCS 为低电平
            SPI_Send_Short(0x00);                    //写 16 位地址
            SPI_Send_Byte(VDM|RWB_READ|(s*0x20+0x18));//写控制字节，N 个字节数据长
度，读数据，选择端口 s 的寄存器
            for(;i<rx_size;i++)                      //循环读取后 rx_size-offset 个字节数据
            {
                j=SPI_Read_Byte();                   //读取 1 个字节数据
                *dat_ptr=j;                          //将读取到的数据保存到数据保存缓冲区
                dat_ptr++;                           //数据保存缓冲区指针地址自增 1
            }
        }
        W5500_SCS=1;                                 //置 W5500 的 SCS 为高电平
        offset1+=rx_size;           //更新实际物理地址，即下次读取接收到的数据的起始地址
        Write_W5500_SOCK_2Byte(s, Sn_RX_RD, offset1);
        Write_W5500_SOCK_1Byte(s, Sn_CR, RECV);     //发送启动接收命令
        return rx_size;                             //返回接收到数据的长度
```

```
    }
// 将 size 个字节数据写入端口 s 的数据发送缓冲区，数据来源*dat_ptr
    void Write_SOCK_Data_Buffer(SOCKET s, unsigned char *dat_ptr, unsigned
short size)
    {
        unsigned short offset,offset1;
        unsigned short i;
        offset=Read_W5500_SOCK_2Byte(s,Sn_TX_WR);
        offset1=offset;
        offset&=(S_TX_SIZE-1);                      //计算实际的物理地址
        W5500_SCS=0;                                //置 W5500 的 SCS 为低电平
        SPI_Send_Short(offset);                     //写 16 位地址
        SPI_Send_Byte(VDM|RWB_WRITE|(s*0x20+0x10)); //写控制字节，N 个字节数据长度，
写数据，选择端口 s 的寄存器
        if((offset+size)<S_TX_SIZE)                 //如果最大地址未超过 W5500 发送缓冲区寄存
器的最大地址
        {
            for(i=0;i<size;i++)                     //循环写入 size 个字节数据
            {
                SPI_Send_Byte(*dat_ptr++); //写入一个字节的数据
            }
        }
        else                      //如果最大地址超过 W5500 发送缓冲区寄存器的最大地址
        {
            offset=S_TX_SIZE-offset;
            for(i=0;i<offset;i++)                   //循环写入前 offset 个字节数据
            {
                SPI_Send_Byte(*dat_ptr++); //写入一个字节的数据
            }
            W5500_SCS=1;                            //置 W5500 的 SCS 为高电平
            W5500_SCS=0;                            //置 W5500 的 SCS 为低电平
            SPI_Send_Short(0x00);//写 16 位地址
            SPI_Send_Byte(VDM|RWB_WRITE|(s*0x20+0x10));//写控制字节，N 个字节数据长
度，写数据，选择端口 s 的寄存器
            for(;i<size;i++)                        //循环写入 size-offset 个字节数据
            {
                SPI_Send_Byte(*dat_ptr++); //写入一个字节的数据
            }
        }
        W5500_SCS=1;                                //置 W5500 的 SCS 为高电平
        offset1+=size;  //更新实际物理地址，即下次写待发送数据到发送数据缓冲区的起始地址
        Write_W5500_SOCK_2Byte(s, Sn_TX_WR, offset1);
        Write_W5500_SOCK_1Byte(s, Sn_CR, SEND);      //发送启动发送命令
    }
```

3．串口服务器 C 程序

主程序中对串口参数、网络参数初始化，然后轮流查询串口和网络接口状态。串口 1 用于参数设置，响应外部参数读取和设定命令，参数设定后单片机重启，用新参数工作，网络接口有数据时转发到串口 3，同时记录网络端口号。串口 3 数据返回时转发到对应网络端口，设定时间（如 200ms）内无数据返回时记录端口号失效，处理下一条数据。设定的参数保存在单片机内部 EEPROM 内，单片机运行后先读取 EEPROM 内容，再初始化相关参数。

```c
//========================================================================
// 串口服务器程序
// socket0~7：TCP-Server, 端口 6000~6007
//========================================================================
#include "STC15Wxx.h"
#include "W5500.h"
#include <string.h>
#define MAIN_Fosc       11059200L        //定义主时钟
#define T1MS (65536-MAIN_Fosc/1000)      //1T 模式
//串口 1 通信
unsigned char xdata tbuf1[30],rbuf1[30];    //UART0 数据缓冲区
bit rnew1;                 //接收新数据完成标志
bit ring1;                 //正在接收新数据标志
unsigned char rn1;         //接收数据字节数
unsigned char sn1;         //发送数据字节数
unsigned char sp1;         //发送数据地址索引
//串口 3 通信
unsigned int dly;          //延时值(ms)，根据数据长度调整
unsigned char baud;        //波特率:0-1200,1-2400,3-4800,4-9600
unsigned char pari;        //校验:0-N,1-E,2-O
sbit RE3=P2^6;             //RS485 发送使能端
unsigned char xdata tbuf3[300],rbuf3[300]; // UART3 数据缓冲区
bit rnew3;                 //接收新数据完成标志
bit ring3;                 //正在接收新数据标志
unsigned int rn3;          //接收数据字节数
unsigned int sn3;          //发送数据字节数
unsigned int sp3;          //发送数据地址索引
unsigned char t1,t3;       //串口 1、3 计时
unsigned int t0,tw;        //延时计时，网络计时
unsigned char xdata Para[30];       //参数寄存器
//网络参数变量定义
unsigned char Gateway_IP[4];//网关 IP 地址
unsigned char Sub_Mask[4];  //子网掩码
unsigned char Phy_Addr[6];  //物理地址(MAC)
unsigned char IP_Addr[4];   //本机 IP 地址
unsigned int S_Port[] =     //端口 0~7 的端口号为 6000~6007
 {0x1770,0x1771,0x1772,0x1773,0x1774,0x1775,0x1776,0x1777};
//端口的运行状态
unsigned char S_State[]={0,0,0,0,0,0,0,0}; //端口状态:1-完成初始化，2-完成连接
```

```
#define S_INIT        0x01      //端口完成初始化
#define S_CONN        0x02      //端口完成连接，可以正常传输数据
//端口收发数据的状态
unsigned char S_Data[8];        //数据状态，1—端口接收到数据，2—端口发送数据完成
#define S_RECEIVE     0x01      //端口接收到一个数据包
#define S_TRANSMITOK  0x02      //端口发送一个数据包完成
unsigned char wnew=0xFF;        //8端口网络数据标志，0xFF-数据处理完毕
//EEPROM 操作
#define CMD_IDLE      0                //空闲模式
#define CMD_READ      1                //IAP 字节读命令
#define CMD_PROGRAM   2                //IAP 字节编程命令
#define CMD_ERASE     3                //IAP 扇区擦除命令
#define ENABLE_IAP    0x82             //if SYSCLK<20MHz
#define USED_BYTE_QTY_IN_ONE_SECTOR   512
unsigned char xdata protect_buf[USED_BYTE_QTY_IN_ONE_SECTOR];
//========================================================================
// 初始化端口              =00--->Standard,    01--->push-pull
// PxM1.n,PxM0.n          =10--->pure input,  11--->open drain
//========================================================================
void GPIO_Init (void)
{
    P0M1 = 0x00;   P0M0 = 0x00;   //设置 P0 为准双向口
    P1M1 = 0x00;   P1M0 = 0x00;   //设置 P1 为准双向口
    P2M1 = 0x00;   P2M0 = 0x00;   //设置 P2 为准双向口
    P3M1 = 0x00;   P3M0 = 0x00;   //设置 P3 为准双向口
}
//========================================================================
// 函数: Timer_Init()
// 说明：定时器 0 定时中断, 1ms
//========================================================================
void  Timer_Init(void)
{
    AUXR = 0xC5;              //定时器 0 为 1T 模式
    TMOD = 0x00;             //设置定时器为模式 0(16 位自动重装载)
    TL0 = T1MS;              //初始化计时值
    TH0 = T1MS >> 8;
    TR0 = 1;                 //定时器 0 开始计时
    ET0 = 1;                 //使能定时器 0 中断
}
//========================================================================
// 函数: Uart_Init()
// 说明：串口 1 和 3 参数设置
//========================================================================
void  Uart_Init(void)
{
    //定时器 2 对应串口 1 波特率 9600
    SCON = 0x50;          //8 位数据，可变波特率
```

```
    T2L = 0xE0;            //设定定时初值
    T2H = 0xFE;            //设定定时初值
    ES  = 1;               //允许中断
    REN = 1;               //允许接收
    P_SW1 &= 0x3F;
    P_SW1 |= 0x00;         //0x00: P3.0 P3.1, 0x40: P3.6 P3.7, 0x80: P1.6 P1.7
    AUXR |= 0x10;              //启动定时器2
    //定时器3对应串口3波特率
    IE2= 0x08;                 //0x08-允许3中断, 0x19-允许2、3、4中断
    if(pari>0) S3CON = 0x90;   //9位数据, 可变波特率
    else S3CON = 0x10;         //8位数据, 可变波特率
    S3CON |= 0x40;             //串口3选择定时器3为波特率发生器
    T4T3M |= 0x02;             //定时器3时钟为Fosc, 即1T
    if(baud==0)
    {
        T3L = 0x00;        //1200
        T3H = 0xF7;
    }
    if(baud==1)
    {
        T3L = 0x80;        //2400
        T3H = 0xFB;
    }
    if(baud==2)
    {
        T3L = 0xC0;        //4800
        T3H = 0xFD;
    }
    if(baud==3)
    {
        T3L = 0xE0;        //9600
        T3H = 0xFE;
    }
    T4T3M |= 0x08;         //启动定时器3
}
//==============================================================
// 函数: InitSPI(void)
// 说明: 初始化SPI
//==============================================================
void InitSPI(void)
{
    SPSTAT = 0XC0;         //清除SPI状态位
    SPCTL = 0xD0 ;         //主机模式, 使能SPI, 高位在前, 时钟4分频
}
//==============================================================
// 函数: void Sleep(unsigned int n)
// 说明: 延时函数, n-延时毫秒值
```

```
//==============================================================
void Sleep(unsigned int n)
{
    t0=0;
    while(t0<n);                        //延时
}
//==============================================================
// 函数: void IapIdle()
// 说明: 关闭 IAP
//==============================================================
void IapIdle()
{
    IAP_CONTR = 0;                    //关闭 IAP 功能
    IAP_CMD = 0;                      //清除命令寄存器
    IAP_TRIG = 0;                     //清除触发寄存器
    IAP_ADDRH = 0x80;                 //将地址设置到非 IAP 区域
    IAP_ADDRL = 0;
}
//==============================================================
// 函数: unsigned char IapReadByte(unsigned int addr)
// 说明: 从 EEPROM 区域, 地址 addr 处读取一字节
//==============================================================
unsigned char IapReadByte(unsigned int addr)
{
    unsigned char dat;
    IAP_CONTR = ENABLE_IAP;           //使能 IAP
    IAP_CMD = CMD_READ;               //设置 IAP 命令
    IAP_ADDRL = addr;                 //设置 IAP 低地址
    IAP_ADDRH = addr >> 8;            //设置 IAP 高地址
    IAP_TRIG = 0x5a;                  //写触发命令(0x5a)
    IAP_TRIG = 0xa5;                  //写触发命令(0xa5)
    Sleep(3);                         //等待 EEPROM 操作完成
    dat = IAP_DATA;                   //读 EEPROM 数据
    IapIdle();                        //关闭 IAP 功能
    return dat;                       //返回
}
//==============================================================
// 函数: void IapProgramByte(unsigned int addr, unsigned char dat)
// 说明: 写一字节数据 dat 到地址为 addr 的 EEPROM 区域
//==============================================================
void IapProgramByte(unsigned int addr, unsigned char dat)
{
    IAP_CONTR = ENABLE_IAP;           //使能 IAP
    IAP_CMD = CMD_PROGRAM;            //设置 IAP 命令
    IAP_ADDRL = addr;                 //设置 IAP 低地址
    IAP_ADDRH = addr >> 8;            //设置 IAP 高地址
    IAP_DATA = dat;                   //写 ISP/IAP/EEPROM 数据
```

```
    IAP_TRIG = 0x5a;                //写触发命令(0x5a)
    IAP_TRIG = 0xa5;                //写触发命令(0xa5)
    Sleep(3);                       //等待 ISP/IAP/EEPROM 操作完成
    IapIdle();
}
//=========================================================================
// 函数: void IapEraseSector(unsigned int addr)
// 说明: 擦除地址 addr 所在扇区
//=========================================================================
void IapEraseSector(unsigned int addr)
{
    IAP_CONTR = ENABLE_IAP;         //使能 IAP
    IAP_CMD = CMD_ERASE;            //设置 IAP 命令
    IAP_ADDRL = addr;               //设置 IAP 低地址
    IAP_ADDRH = addr >> 8;          //设置 IAP 高地址
    IAP_TRIG = 0x5a;                //写触发命令(0x5a)
    IAP_TRIG = 0xa5;                //写触发命令(0xa5)
    Sleep(3);                       //等待 ISP/IAP/EEPROM 操作完成
    IapIdle();
}
//=========================================================================
// 函数: write_flash()
// 说明: 写数据进数据 Flash 存储器, 只在同一个扇区内写, 不保留原有数据
// begin_addr, 被写数据 Flash 开始地址; counter, 连续写多少个字节; array[], 数据来源
//=========================================================================
unsigned char write_flash(unsigned int begin_addr, unsigned int counter,
unsigned char array[])
{
    unsigned int i = 0;
    unsigned int in_sector_begin_addr = 0;
    unsigned int sector_addr = 0;
    if(counter > USED_BYTE_QTY_IN_ONE_SECTOR)
        return 0;
    in_sector_begin_addr = begin_addr & 0x01ff;
    if((in_sector_begin_addr + counter) > USED_BYTE_QTY_IN_ONE_SECTOR)
        return 0;
    IapEraseSector(begin_addr);                             //擦除要修改/写入的扇区
    for(i=0; i<counter; i++)    {
        IapProgramByte(begin_addr, array[i]);        //写一个字节
        begin_addr++;
    }
    IapIdle();
    return 1;
}
//=========================================================================
// 函数: W5500_Initialization
// 说明: W5500 初始配置
```

```
//========================================================================
void W5500_Initialization(void)
{
    unsigned char i = 0;
    W5500_Init();                          //初始化 W5500 寄存器函数
    for(i=0;i<8;i++)
    {
        Write_W5500_SOCK_2Byte(i, Sn_PORT, S_Port[i]); //设置端口 0 的端口号
    }
}
//========================================================================
// 函数: Load_Net_Parameters
// 说明：装载网络参数，网关、掩码、物理地址、本机 IP 地址、端口号
//========================================================================
void Load_Net_Parameters(void)
{
    unsigned char i;
    for(i=0;i<22;i++) Para[i]=IapReadByte(i); //读取 EEPROM 数据
    IP_Addr[0]=Para[0];              //加载本机 IP 地址
    IP_Addr[1]=Para[1];
    IP_Addr[2]=Para[2];
    IP_Addr[3]=Para[3];
    Sub_Mask[0]=Para[4];             //加载子网掩码
    Sub_Mask[1]=Para[5];
    Sub_Mask[2]=Para[6];
    Sub_Mask[3]=Para[7];
    Gateway_IP[0]=Para[8];           //加载网关参数
    Gateway_IP[1]=Para[9];
    Gateway_IP[2]=Para[10];
    Gateway_IP[3]=Para[11];
    Phy_Addr[0]=Para[12];            //加载物理地址
    Phy_Addr[1]=Para[13];
    Phy_Addr[2]=Para[14];
    Phy_Addr[3]=Para[15];
    Phy_Addr[4]=Para[16];
    Phy_Addr[5]=Para[17];
    baud=Para[18];                   //串口 3 参数
    pari=Para[19];
    dly=Para[20];                    //延时值
    dly<<=8;
    dly+=Para[21];
}
//========================================================================
// 函数: void W5500_Socket_Set(SOCKET s)
// 说明：设置端口 s 为 TCP 服务器模式
//========================================================================
void W5500_Socket_Set(SOCKET s)
```

```
{
    if(S_State[s]==0)
    {
        if(Socket_Listen(s)==TRUE) S_State[s]=S_INIT;
        else S_State[s]=0;
    }
}
//==================================================================
// 函数: main
//==================================================================
int main(void)
{
    unsigned char i;              //循环
    unsigned char m;              //8 端口中断标志
    unsigned char n;              //socket 中断标志
    unsigned char b;              //临时
    GPIO_Init ();                 //初始化端口
    Timer_Init();                 //初始化定时器
    InitSPI();                    //初始化 SPI 接口
    RE3=0;
    EA = 1;                       //允许全局中断
    Load_Net_Parameters();        //装载网络参数
    Uart_Init();                  //初始化串口参数
    W5500_Hardware_Reset();       //硬件复位 W5500
    W5500_Initialization();       //W5500 初始化
    for(i=0;i<8;i++)
    {
        W5500_Socket_Set(i);      //W5500 端口初始化配置
    }
    while (1)
    {
        //串口 1 数据处理
        if(rnew1)
        {
            rnew1=0;              //收到 24 字节数据, 且前 2 个字符为"P="
            if((rn1==24)&&(rbuf1[0]=='P')&&(rbuf1[1]=='='))
            {
                for(i=0;i<22;i++) Para[i]=rbuf1[i+2];   //收取数据, 存到参数区
                write_flash(0,22,Para);                 //修改参数
                IAP_CONTR=0x20;                         //单片机软件复位重启
            }                     //收到数据, 前 2 个字符为"P?"
            if((rbuf1[0]=='P')&&(rbuf1[1]=='?'))
            {
                tbuf1[0]='P';
                tbuf1[1]='=';
                for(i=0;i<22;i++) tbuf1[i+2]=Para[i];   //直接返回参数
                sp1=0;
```

```
                sn1=24;
                SBUF=tbuf1[0];
        }
    }
    //串口 3 数据处理
    if(rnew3)
    {
        rnew3=0;
        if(wnew<8)                    //确定数据在有效时间内返回
        {
            if(S_State[wnew] == (S_INIT|S_CONN))  //判断端口可以发送数据
            {                         //将串口数据转发到网络请求数据端口
                S_Data[wnew]&=~S_TRANSMITOK;
                Write_SOCK_Data_Buffer(wnew, rbuf3, rn3);
            }
            wnew=0xFF;         //数据转发完成
        }
    }
    //网络数据处理
    m=Read_W5500_1Byte(SIR);      //读取端口中断标志寄存器
    if(m>0)                       //有中断
    {
        b=1;
        for(i=0;i<8;i++)          //轮流查询 8 个端口
        {
            if((m & b) == b)
            {                         //读取 Socket 中断标志寄存器
                n=Read_W5500_SOCK_1Byte(i,Sn_IR);
                Write_W5500_SOCK_1Byte(i,Sn_IR,n); //清除中断标志
                if(n&IR_CON)                      //连接完成
                {
                    S_State[i]|=S_CONN;
                }
                if(n&IR_DISCON)                      //连接断开
                {
                    Write_W5500_SOCK_1Byte(i,Sn_CR,CLOSE);
                    S_State[i]=0;
                }
                if(n&IR_SEND_OK)                   //数据发送完成
                {
                    S_Data[i]|=S_TRANSMITOK;
                }
                if(n&IR_RECV)                       //接收到数据
                {
                    S_Data[i]|=S_RECEIVE;
                }
                if(n&IR_TIMEOUT)                    //连接或数据传输超时
```

```
                    {
                        Write_W5500_SOCK_1Byte(i,Sn_CR,CLOSE);
                        S_State[i]=0;
                    }
                }
                b<<=1;
            }
        }
        for(i=0;i<8;i++)
        {                                    //收到网络数据，且之前数据已处理完
            if(((S_Data[i] & S_RECEIVE) == S_RECEIVE)&&(wnew==0xFF))
            {
                RE3=1;
                wnew=i;
                tw=0;                                    //200ms 计时开始
                S_Data[i]&=~S_RECEIVE;        //读取网络数据直接放入串口发送区
                sn3=Read_SOCK_Data_Buffer(i, tbuf3);
                sp3=0;
                S3BUF=tbuf3[0];              //发送数据
            }
            if(S_State[i] == 0)            //Socket 连接断开
            {
                W5500_Socket_Set(i);        //重新进入监听状态
            }
        }
    }
}
//============================================================================
// 函数: tm0_isr() interrupt 1
// 说明: 定时器 0 中断函数, 1ms
//============================================================================
void tm0_isr() interrupt 1
{
    t0++;                //延时用计数
    tw++;                //网络数据延时计数
    if(tw>dly) wnew=0xFF;

    if (ring1) t1++;    //串口 1 通信延时计数
    else t1=0;
    if(t1>20 )
    {
        rnew1=1;        //超时 20ms 无数据判为帧结束
        ring1=0;
        rn1++;
    }
    if (ring3) t3++;    //串口 3 通信延时计数
    else t3=0;
```

```
        if(t3>20 )
        {
            rnew3=1;            //超时 20ms 无数据判为帧结束
            ring3=0;
            rn3++;
        }
}
//=======================================================================
// 函数: void UART1_int (void) interrupt 4
// 说明: UART1 中断函数
//=======================================================================
void UART1_int (void) interrupt 4
{
    if(RI)                  //收到数据
    {
        RI = 0;             //接收标志位清零
        t1=0;
        if(!ring1)
        {
            ring1=1;
            rn1=0;
            rbuf1[0]=SBUF;
        }
        else
        {
            rn1++;          //接收数据字节计数
            if(rn1<30)  rbuf1[rn1]=SBUF;
        }
    }
    if(TI)
    {
        TI=0;
        sp1++;              //发送数据字节计数
        if(sp1<sn1) SBUF = tbuf1[sp1];
    }
}


//=======================================================================
// 函数: void UART3_int (void) interrupt UART3_VECTOR
// 说明: UART3 中断函数
//=======================================================================
void UART3_int (void) interrupt 17
{
    if((S3CON & 1) != 0)    //收到数据
    {
        S3CON &= ~1;            //接收标志位清零
        t3=0;
```

```
            if(!ring3)
            {
                ring3=1;
                rn3=0;
                rbuf3[0]=S3BUF; //新数据帧首字节
            }
            else
            {
                rn3++;              //接收数据字节计数
                if(rn3<300) rbuf3[rn3]=S3BUF;
            }
        }
        if((S3CON & 2) != 0)      //发送完成
        {
            S3CON &= ~2;          //接收标志位清零
            sp3++;                //发送数据字节计数
            if(sp3<sn3)           //未发送完继续发送
            {
                if(pari>0)        //需要奇偶校验
                {
                    ACC = tbuf3[sp3];   //获取校验位 P(PSW.0)
                if(P)                   //偶校验
                    {
                        if(pari==1) S3CON |= 0x08;
                        else S3CON &= ~0x08;
                    }
                else                    //奇校验
                    {
                        if(pari==1) S3CON &= ~0x08;
                        else S3CON |= 0x08;
                    }
                }
                S3BUF = tbuf3[sp3]; //发送数据
            }
            else RE3=0;              //发送完成，RS485 转接收状态
        }
    }
}
```

4. 上位机串口服务器参数设定的 VB 程序

串口服务器参数设定程序界面如图 7-8 所示。运行时自动搜索串口服务器，搜索完成后状态条显示"已连接"，先单击"读取"按钮，显示已有参数，根据实际需求更改参数，再单击"设定"按钮，新参数写入单片机 EEPROM 内并重新启动。

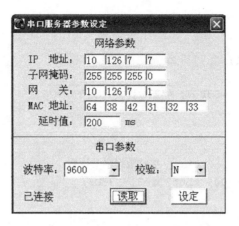

图 7-8　串口服务器参数设定程序界面

参数设定程序用 VB 编写，源代码如下：

```
Option Explicit
    Private Declare Sub Sleep Lib "kernel32" (ByVal dwMilliseconds As Long)
'声明延时函数
    Dim Rec() As Byte            '接收区
    Dim fx() As Byte            '发送区
    Dim read_count As Integer
'读取参数
Private Sub Command1_Click()
  ReDim fx(1)
  fx(0) = &H50
  fx(1) = &H3F
  MSComm1.Output = fx()
End Sub
'设定参数
Private Sub Command2_Click()
  Dim i As Byte
  ReDim fx(23)
  fx(0) = &H50
  fx(1) = &H3D
  For i = 0 To 17
    fx(i + 2) = Text1(i).Text
  Next i
  fx(20) = Combo1(0).ListIndex
  fx(21) = Combo1(1).ListIndex
  fx(22) = CLng(Text1(18).Text) \ 256
  fx(23) = CLng(Text1(18).Text) Mod 256
  MSComm1.Output = fx()
End Sub
'初始化
Private Sub Form_Load()
  ReDim fx(1)
  fx(0) = &H50
```

```vb
    fx(1) = &H3F
    Combo1(0).ListIndex = 3
    Combo1(1).ListIndex = 0
    Com_search
End Sub
'搜索串口
Private Sub Com_search()
  Dim i As Integer
  Dim Ns As Integer
  For i = 2 To 30                        '依次打开串口
    MSComm1.CommPort = i
    On Error Resume Next
    MSComm1.PortOpen = True
    If Err.Number = 0 Then
      MSComm1.PortOpen = True
      Rec = MSComm1.Input
      MSComm1.Output = fx()              '发送读取参数命令
      Sleep 300
      Ns = MSComm1.InBufferCount
      Rec = MSComm1.Input               '接收数据
      If Ns = 24 Then
         MSComm1.RThreshold = 1          '串口有效，开启中断
         Command1.Enabled = True
         Command2.Enabled = True         '使能按钮
         Timer1.Enabled = False          '停止搜索串口
         Label1(8).Caption = "已连接"
         Exit Sub
      Else
        MSComm1.PortOpen = False
      End If
    Else
      MSComm1.PortOpen = False
    End If
  Next i
  Label1(8).Caption = "未连接"
End Sub
'退出前断开串口
Private Sub Form_QueryUnload(Cancel As Integer, UnloadMode As Integer)
  If MSComm1.PortOpen Then MSComm1.PortOpen = False
End Sub
'串口中断数据处理
Private Sub MSComm1_OnComm()
Dim i As Integer
  Select Case MSComm1.CommEvent
    Case comEvReceive
      Sleep (100)
      read_count = MSComm1.InBufferCount
```

```
        Rec = MSComm1.Input                    '接收数据
      If read_count = 24 Then
        For i = 0 To 17                        '参数显示
          Text1(i).Text = Rec(i + 2)
        Next i
        If Rec(20) > 3 Then Rec(20) = 3
        If Rec(21) > 2 Then Rec(21) = 0
        Combo1(0).ListIndex = Rec(20)
        Combo1(1).ListIndex = Rec(21)
        Text1(18).Text = 256# * Rec(22) + Rec(23)
      End If
    Case comEvSend
    Case comEventRxParity
  End Select
End Sub
'搜索串口直至搜索完成
Private Sub Timer1_Timer()
  Com_search
End Sub
```

7.3 SPI 接口转 CAN 总线应用

7.3.1 CAN 总线简介

CAN 是 Controller Area Network 的缩写，意为控制器局域网络。CAN 最早应用于汽车控制系统，后来发展到工业测控系统，主要特点是具有多主控制和故障封闭功能，在电力自动化系统的综合保护器和通信管理机也有过应用，在最近几年的电力系统产品中被以太网接口取代，较少能看到 CAN 接口了，主要原因是电力自动化系统通信协议复杂、传输信息量大，对于每帧只传输 8 字节数据的 CAN 总线，需要分组发送和接收，使用起来不是很方便。CAN 总线偏重于控制系统应用，通信速度快，短的数据帧防止某一节点占用总线时间过长，总线的实时性能较好。

1. CAN 物理层

CAN 属于串行通信，其物理层由 CAN 控制器、CAN 收发器和双绞线组成，后两部分和 RS485 相似，采用双绞线差分信号传输数据，不同之处在于有 CAN 控制器，实现总线检测、多主控制、优先权控制等功能。CAN 总线通信速率越高，则通信距离越短，当传输速率达到 1Mbps 时通信距离小于 40 米。

2．CAN 报文

CAN 的帧报文传输有以下 4 种不同的帧类型：

（1）数据帧：数据帧携带数据从发送器至接收器。

（2）远程帧：总线单元发出远程帧，请求发送具有同一识别符的数据帧。

（3）错误帧：任何单元检测到一总线错误就发出错误帧。

（4）过载帧：过载帧用以在先行的和后续的数据帧（或远程帧）之间提供一附加的延时。

CAN 数据帧组成示意图见图 7-9，数据帧由帧起始、仲裁段、控制段、数据段、CRC 段、ACK 段（应答段）、帧结束 7 个部分组成。仲裁段包括识别符和远程发送请求位（RTR），标准帧识别符是 11 位，扩展帧识别符是 29 位，同一总线上可以容纳更多的 CAN 总线设备。控制段由 6 个位组成，包括数据长度代码 DLC 和两个扩展位。数据段由数据帧中的发送数据组成，它可以为 0～8 个字节，每字节包含了 8 个位，首先发送 MSB。

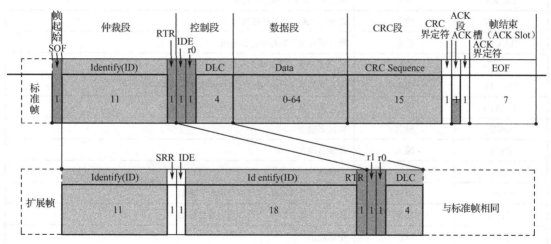

图 7-9　CAN 数据帧组成示意图

7.3.2　CAN 控制器 MCP2515

1．器件概述

MCP2515 主要由 3 个部分组成：

（1）CAN 模块，包括 CAN 协议引擎、6 个验收滤波寄存器、2 个验收屏蔽寄存器、3 个发送缓冲器和 2 个接收缓冲器。

（2）用于配置该器件及其运行的控制逻辑和寄存器。

（3）SPI 协议模块。

MCP2515 引脚排列见图 7-10，引脚说明见表 7-4。工作电压范围为 2.7～5.5V，典型工作电流为 5mA。

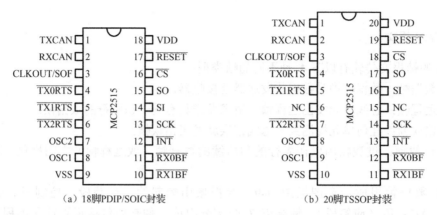

图 7-10　MCP2515 引脚排列图

表 7-4　MCP2515 引脚说明

引脚名称	引脚类型	说　　明
TXCAN	输出	连接到 CAN 总线的发送输出
RXCAN	输入	连接到 CAN 总线的接收输入
CLKOUT	输出	带可编程预分频器的时钟输出
TX0RTS	输入	发送缓冲器 TXB0 请求发送或通用数字输入
TX1RTS	输入	发送缓冲器 TXB1 请求发送或通用数字输入
TX2RTS	输入	发送缓冲器 TXB2 请求发送或通用数字输入
OSC2	输出	振荡器输出
OSC1	输入	振荡器输入
VSS	电源	电源地
RX1BF	输出	接收缓冲器 RXB1 中断或通用数字输出
RX0BF	输出	接收缓冲器 RXB0 中断或通用数字输出
INT	输出	中断输出
SCK	输入	SPI 接口的时钟输入
SI	输入	SPI 接口的数据输入
SO	输出	SPI 接口的数据输出
CS	输入	SPI 接口的片选输入
RESET	输入	低电平有效的器件复位输入
VDD	电源	电源正

2．报文发送

MCP2515 采用 3 个发送缓冲器，每个发送缓冲器占用 14 字节的 SRAM，其中第 1 个字节 TXBnCTRL 是与报文缓冲器相关的控制寄存器，该寄存器中的信息决定了报文在何种条件下发送，并在报文发送时指示其状态，用 5 个字节来装载标准和扩展标识符以及其他报文仲裁信息。最后 8 个字节用于装载等待发送报文的 8 个可能的数据字节。

报文发送先选择发送缓冲器，写入标示符、数据长度和数据信息，然后写控制寄存器，将 TXBnCTRL.TXREQ 位置 1，启动报文发送。也可将要发送报文的发送缓冲器的 TXnRTS 引脚置为低电平启动报文发送，前提是设置 TXRTSCTRL 寄存器，使能硬件请求发送功能。

3．报文接收

MCP2515 具有两个全接收缓冲器 RXB0 和 RXB1。RXB0 是具有较高优先级的缓冲器，配置有 1 个验收屏蔽寄存器 RXM0 和 2 个验收滤波寄存器 RXF0、RXF1，接收到的报文首先在 RXB0 中进行验收屏蔽。RXB1 是优先级较低的缓冲器，配置有一个验收屏蔽寄存器 RXM1 和 4 个验收滤波寄存器 RXF2、RXF3、RXF4、RXF5。

每个验收屏蔽和验收滤波寄存器含 4 个字节，分别为高位、低位、扩展高位和扩展低位。当接收到扩展数据帧时，验收屏蔽、验收滤波和报文标识符是对应的；当接收到标准数据帧（11 位标识符）时，验收屏蔽、验收滤波的扩展位与报文的数据字节 0 和 1 对应。

验收屏蔽位为 1 的，要求对应的验收滤波位与报文标识位一致才能接收报文，通过多个验收屏蔽寄存器、验收滤波寄存器的组合设置，可将同一 CAN 网内设备分组，实现组内分组、交叉分组功能。

通过对中断寄存器的设置，接收到报文后，INT 中断输出低电平信号，通知单片机处理数据。如果同时使用 RXB0 和 RXB1 中断，单片机可以直接判断是哪个接收缓冲器有数据，不用查询状态位，能加快数据处理速度。

4．波特率设定

CAN 总线上的所有节点都必须具有相同的波特率，MCP2515 波特率设定较为复杂，复杂的原因在于相关的 3 个配置寄存器的设置不是唯一的，同一波特率可能对应多种设置。CAN 位时间含同步段、传播段、相位缓冲段 PS1 和相位缓冲段 PS2，通过不同的预分频值和各段的时间长度的调整，设定需要的波特率，一般多使用工具软件计算。

5．工作模式

MCP2515 有配置模式、正常模式、休眠模式、仅监听模式和环回模式共 5 种工作模式。利用控制寄存器 CANCTRL 可进行工作模式的选择，改变工作模式时，新的工作模式须等到所有当前报文发送完毕之后才生效。

1）配置模式

MCP2515 在正常运行之前必须进行初始化。只有在配置模式下，才能对器件进行初始化，才能对控制、验收屏蔽、验收滤波和配置寄存器进行修改。在上电或复位时，器件会自动进入配置模式，当进入配置模式时，所有错误计数器都被清零。

2）休眠模式

MCP2515 具有内部休眠模式，使器件功耗最少。即使 MCP2515 处于休眠模式，SPI 接口仍然保持正常的读操作，以允许访问器件内的所有寄存器。

3）仅监听模式

仅监听模式可用于总线监视应用或热插拔状况下的波特率检测。仅监听模式是一种安静模式，即器件在此模式下不会发送任何报文。如果屏蔽器全部设为零，则可接收任何报文。在此模式下，错误计数器将被复位并设置为无效。

4）环回模式

环回模式允许器件内部的发送缓冲器和接收缓冲器之间进行报文的自发自收，而无需通过 CAN 总线。此模式可用于系统开发和测试。

5）正常模式

正常模式为 MCP2515 的标准工作模式。只有在正常模式下，MCP2515 才能在 CAN 总线上进行报文的传输。

6．SPI 接口

MCP2515 设计可与许多单片机的串行外设接口（SPI）直接相连，外部数据和命令通过 SI 引脚传送到器件中，且数据在 SCK 时钟信号的上升沿传送进来，MCP2515 在 SCK 的下降沿通过 SO 引脚传送出去。MCP2515 的 SPI 指令集见表 7-5。

表 7-5　MCP2515 的 SPI 指令集

指令名称	指令格式	指令说明
复位	1100 0000	将内部寄存器复位为默认状态，并将器件设定为配置模式
读	0000 0011	从指定地址起始的寄存器读取数据
读 RX 缓冲器	1001 0nm0	读取接收缓冲器，从"n,m"所指示的地址开始
写	0000 0010	将数据写入指定地址起始的寄存器
写 TX 缓冲器	0100 0abc	写发送缓冲器，从"a,b,c"所指示的地址开始
RTS 请求发送	1000 0nnn	指示控制器开始发送 nnn 表示的发送缓冲器中的报文发送序列
读状态	1010 0000	快速查询命令，可读取有关发送和接收功能的一些状态位
RX 状态	1011 0000	快速查询命令，确定匹配的滤波器和接收报文的类型
位修改	0000 0101	允许用户将特殊寄存器中的单独位置 1 或清零

7.3.3　USB 转 CAN 调试工具设计

1．电路原理图

USB 转 CAN 电路原理图见图 7-11，由单片机 STC15W4K16S4、USB 转串口 CP2102、CAN 控制器 MCP2515 和 CAN 收发器 TJA1050 组成，电源由 USB 接口直接提供。通过上位机软件设定 CAN 控制器的参数，与 CAN 网络接口设备通信，进行 CAN 网络调试测试工作。LED1 和 LED2 作为数据指示用，当 CAN 口收到数据时，LED1 点亮，转发到串口后熄灭；当串口收到数据时，LED2 点亮，转发到 CAN 口后熄灭。

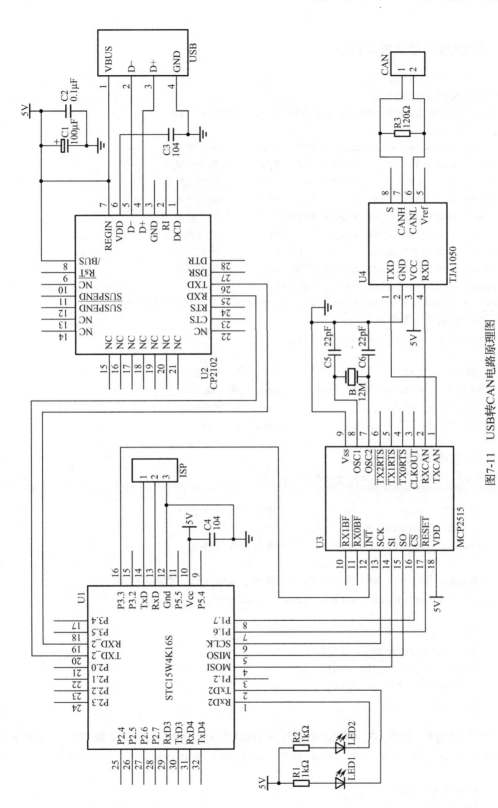

图7-11　USB转CAN电路原理图

2. MCP2515 驱动的 C 程序

```c
#include "STC15Wxx.h"
#include "mcp2515.h"
// SPI 引脚定义,SCK0-P1.5, MISO0-P1.4, MOSI0-P1.3
sbit CS = P1^7;
extern unsigned char xdata RXF0[4];        //验收滤波 0
extern unsigned char xdata RXF1[4];        //验收滤波 1
extern unsigned char xdata RXF2[4];        //验收滤波 2
extern unsigned char xdata RXF3[4];        //验收滤波 3
extern unsigned char xdata RXF4[4];        //验收滤波 4
extern unsigned char xdata RXF5[4];        //验收滤波 5
extern unsigned char xdata RXM0[4];        //验收屏蔽 0
extern unsigned char xdata RXM1[4];        //验收屏蔽 1
extern unsigned char xdata CNF[4];
extern unsigned char tbuf1[15],rbuf1[18];  //UART 数据缓冲区
// SPI 读取 8 位数据
unsigned char SPI_Read_Byte(void)
{
    SPDAT = 0x00;                  //触发 SPI 发送数据
    while (!(SPSTAT & 0x80));      //等待发送完成
    SPSTAT = 0xC0;                 //清除 SPI 状态位
    return SPDAT;                  //返回 SPI 数据
}
// SPI 发送 8 位数据 dt
void SPI_Send_Byte(unsigned char dt)
{
    SPDAT = dt;                    //触发 SPI 发送数据
    while (!(SPSTAT & 0x80));      //等待发送完成
    SPSTAT = 0xC0;                 //清除 SPI 状态位
}
//写寄存器, 指令 MCP_WRITE=0x02, 寄存器地址 address, 数据 Value
void WriteReg(unsigned char address,unsigned char Value)
{
    CS = 0;
    SPI_Send_Byte(MCP_WRITE);
    SPI_Send_Byte(address);
    SPI_Send_Byte(Value);
    CS = 1;
}
//写多个寄存器, 指令 MCP_WRITE=0x02, 寄存器起始地址 address, 数据组 Value, 数据量 n
void WriteRegS(unsigned char addr,unsigned char values[],unsigned char n)
{
    unsigned char i;
    CS = 0;
    SPI_Send_Byte(MCP_WRITE);
```

```
        SPI_Send_Byte(addr);
        for(i=0;i<n;i++) SPI_Send_Byte(values[i]);
        CS = 1;
}
//写发送收缓冲器，n=0:TXB0，n=1:TXB1，n=2:TXB2，数据来自串口接收缓冲区
void WriteTXB(unsigned char n)
{
        unsigned char i;
        CS = 0;
        if(n==0) SPI_Send_Byte(MCP_LOAD_TX0);
        if(n==1) SPI_Send_Byte(MCP_LOAD_TX1);
        if(n==2) SPI_Send_Byte(MCP_LOAD_TX2);
        for(i=0;i<13;i++) SPI_Send_Byte(rbuf1[i]);
        CS = 1;
}
//写 RTS，n=0:TXB0，n=1:TXB1，n=2:TXB2，数据发送
void WriteRTS(unsigned char n)
{
        CS = 0;
        if(n==0) SPI_Send_Byte(MCP_RTS_TX0);
        if(n==1) SPI_Send_Byte(MCP_RTS_TX1);
        if(n==2) SPI_Send_Byte(MCP_RTS_TX2);
        CS = 1;
}
//读地址 adr 寄存器数据
unsigned char ReadReg(unsigned char adr)
{
        unsigned ret;
        CS = 0;
        SPI_Send_Byte(MCP_READ);
        SPI_Send_Byte(adr);
        ret = SPI_Read_Byte();
        CS = 1;
        return ret;
}
//读接收缓冲器，n=0:RXB0，n=1:RXB1，数据保存至串口发送缓冲区
void ReadRXB(unsigned char n)
{
        unsigned char i;
        CS = 0;
        if(n==0) SPI_Send_Byte(MCP_READ_RX0);
        else SPI_Send_Byte(MCP_READ_RX1);
        for(i=0;i<13;i++) tbuf1[i]=SPI_Read_Byte();
        CS = 1;
}
//将特殊寄存器中的单独位置 1 或清零，指令 MCP_BITMOD=0x05
//参数：寄存器地址 address，屏蔽字节 mask，数据 dat
```

```c
void ModifyReg(unsigned char address,unsigned char mask,unsigned char dat)
{
    CS = 0;
    SPI_Send_Byte(MCP_BITMOD);
    SPI_Send_Byte(address);
    SPI_Send_Byte(mask);
    SPI_Send_Byte(dat);
    CS = 1;
}
//设置 can 模式, MCP_CANCTRL=0x0F, MODE_MASK=0xE0
unsigned char SetCanCtrl_Mode(unsigned char newmode)
{
    unsigned char i;
    ModifyReg(MCP_CANCTRL,MODE_MASK,newmode);
    i = ReadReg(MCP_CANCTRL);
    i &= MODE_MASK;
    if(i==newmode)
        return MCP2515_OK;
    else
        return MCP2515_FAIL;
}
//初始化验收滤波，屏蔽寄存器，设置波特率
void initCANBuffers(void)
{
    WriteRegS(MCP_RXF0SIDH,RXF0,4);        //验收滤波寄存器 2
    WriteRegS(MCP_RXF1SIDH,RXF1,4);        //验收滤波寄存器 2
    WriteRegS(MCP_RXF2SIDH,RXF2,4);        //验收滤波寄存器 2
    WriteRegS(MCP_RXF3SIDH,RXF3,4);        //验收滤波寄存器 3
    WriteRegS(MCP_RXF4SIDH,RXF4,4);        //验收滤波寄存器 4
    WriteRegS(MCP_RXF5SIDH,RXF5,4);        //验收滤波寄存器 5
    WriteRegS(MCP_RXM0SIDH,RXM0,4);        //验收屏蔽寄存器 0
    WriteRegS(MCP_RXM1SIDH,RXM1,4);        //验收屏蔽寄存器 1
    WriteReg(MCP_RXB0CTRL,0);              //接收缓冲器 0 控制寄存器
    WriteReg(MCP_RXB1CTRL,0);              //接收缓冲器 1 控制寄存器
    WriteRegS(MCP_CNF3,CNF,3);
}
//初始化 MCP2515
unsigned char Init_Can(void)
{
    unsigned char res;
    res = SetCanCtrl_Mode(MODE_CONFIG);    //进入配置模式
    if(res==MCP2515_FAIL) return res;
    initCANBuffers();                          //设置 MCP2515 的寄存器
    WriteReg(MCP_CANINTE,MCP_RX0IE | MCP_RX1IE);//采用中断
    res = SetCanCtrl_Mode(MODE_NORMAL);    //返回正常工作模式
    return res;
}
```

3. 主程序的 C 程序

```
//================================================================
//串口转 CAN：内部时钟 11.0592MHz，串口 115200，CAN 口默认 20k，可更改
//协议：1、串口接收=13，转发 CAN，CAN 口接收按 13 字节转串口
//      2、DB,F0  设备搜索，2 字节
//      3、DB,F1,RXF0,RXF1,RXM0,CNF   改验收滤波、验收屏蔽设置，改波特率
//      4、DB,F2,CANCTRL   改工作模式
//================================================================
#include "STC15Wxx.h"
#include "mcp2515.h"
#define MAIN_Fosc        11059200L        //定义主时钟
#define T1MS (65536-MAIN_Fosc/1000)       //1T 模式
//串口 1 通信
unsigned char tbuf1[15];      //串口 1 发送缓冲区，转发收到的 CAN 数据
unsigned char rbuf1[18];      //串口 1 接收缓冲区，>8 参数设定，数据转发到 CAN
bit rnew1;                    //接收新数据完成标志
bit ring1;                    //正在接收新数据标志
unsigned char rn1;            //接收数据字节数
unsigned char sn1;            //发送数据字节数
unsigned char sp1;            //发送数据地址索引
unsigned char t1;             //串口 1 计时
unsigned char t0;             //延时
bit c_new;                    //CAN 数据
unsigned char xdata RXF0[4]={0x00,0x00,0x00,0x00};    //验收滤波 0
unsigned char xdata RXF1[4]={0x00,0x00,0x00,0x00};    //验收滤波 1
unsigned char xdata RXF2[4]={0x00,0x00,0x00,0x00};    //验收滤波 2
unsigned char xdata RXF3[4]={0x00,0x00,0x00,0x00};    //验收滤波 3
unsigned char xdata RXF4[4]={0x00,0x00,0x00,0x00};    //验收滤波 4
unsigned char xdata RXF5[4]={0x00,0x00,0x00,0x00};    //验收滤波 5
unsigned char xdata RXM0[4]={0x00,0x00,0x00,0x00};    //验收屏蔽 0
unsigned char xdata RXM1[4]={0xFF,0xFF,0xFF,0xFF};    //验收屏蔽 1
unsigned char xdata CNF[4]={0x05,0xA9,0x13,0x00};     //CNF(默认 20k)
sbit LED1 = P1^1;            //CAN 口数据指示
sbit LED2 = P1^0;            //串口数据指示
sbit INT = P3^3;            //数据中断
sbit RST = P1^6;            //复位
//================================================================
// 初始化端口        =00--->Standard,    01--->push-pull
// PxM1.n,PxM0.n     =10--->pure input,  11--->open drain
//================================================================
void GPIO_Init (void)
{
    P1M1 = 0x00;   P1M0 = 0x00;   //设置 P1 为准双向口
    P3M1 = 0x00;   P3M0 = 0x00;   //设置 P3 为准双向口

}
//================================================================
```

```
// 函数: Timer_Init()
// 说明: 定时器 0 定时中断, 1ms
//========================================================================
void  Timer_Init(void)
{
    AUXR = 0xC5;                    //定时器 0 为 1T 模式
    TMOD = 0x00;                    //设置定时器为模式 0(16 位自动重装载)
    TL0 = T1MS;                     //初始化计时值
    TH0 = T1MS >> 8;
    TR0 = 1;                        //定时器 0 开始计时
    ET0 = 1;                        //使能定时器 0 中断
}
//========================================================================
// 函数: Uart_Init()
// 说明: 串口1 参数设置
//========================================================================
void  Uart_Init(void)
{
    SCON = 0x50;           //8 位数据, 可变波特率
    T2L = 0xE8;            //波特率 115200
    T2H = 0xFF;
    ES = 1;               //允许中断
    REN = 1;              //允许接收
    P_SW1 &= 0x3F;
    P_SW1 |= 0x40;        //0x00: P3.0、P3.1, 0x40: P3.6、P3.7
AUXR |= 0x10;             //启动定时器 2
}
//========================================================================
// 函数: InitSPI(void)
// 说明: 初始化 SPI
//========================================================================
void InitSPI(void)
{
    SPSTAT = 0XC0;        //清除 SPI 状态位
    SPCTL = 0xD0 ;        //主机模式, 使能 SPI, 高位在前, 时钟 4 分频
}
//========================================================================
//main:主函数
//========================================================================
void main(void)
{
    unsigned char i;
    GPIO_Init ();         //初始化端口
    Timer_Init();         //初始化定时器
    InitSPI();            //初始化 SPI 接口
    Uart_Init();          //初始化串口参数
    RST=1;
```

```
INT=1;
IT0=1;                  //外部中断1下降沿有效
EX0=1;                  //外部中断1有效
EA=1;
RST=0;                  //MCP2515硬件复位
t0=0;
while(t0<100);
RST=1;
Init_Can();             //MCP2515初始化
while(1)
{
    if(rnew1)                   //有串口数据
    {
        if(rn1==13)
        {
            WriteTXB(0);        //写CAN发送缓冲区
            WriteRTS(0);        //启动发送
        }
        else
        {
            if((rbuf1[0]==0xDB)&&(rbuf1[1]==0xF0))  //设备搜索，返回0xDB
            {
                sp1 = 0;
                sn1 = 1;
                SBUF = 0xDB;
            }
            if((rbuf1[0]==0xDB)&&(rbuf1[1]==0xF1))  //改CAN参数
            {
                for(i=0;i<4;i++)
                {
                    RXF0[i]=rbuf1[i+2];
                    RXF1[i]=rbuf1[i+6];
                    RXM0[i]=rbuf1[i+10];
                    CNF[i]=rbuf1[i+14];
                }
                Init_Can();        //重新初始化
            }
            if((rbuf1[0]==0xDB)&&(rbuf1[1]==0xF2))  //改CAN模式
            {
                SetCanCtrl_Mode(rbuf1[2]);
            }
        }
        LED2=1;                         //串口数据处理完成，LED2熄灭
        rnew1=0;
    }
    if(c_new)                   //CAN口有数据
    {
```

```
                    sp1 = 0;
                    sn1 = 13;
                    SBUF = tbuf1[0];              //数据转发到串口
                    LED1=1;                       //CAN 口数据转发完成，LED1 熄灭
                    c_new=0;
              }
        }
}
//==================================================================
//Int0Int:外部中断子程序，接收 CAN 总线数据并发送到串口
//==================================================================
void Int0Int(void) interrupt 0
{
    unsigned char Sta_Int;
    LED1=0;
    Sta_Int = ReadReg(MCP_CANINTF);       //获取中断标志寄存器
    if(Sta_Int & MCP_RX0IF)               //接收缓冲器 0 中断
    {
        ReadRXB(0);                       //获取接收数据
        ModifyReg(MCP_CANINTF,0x01,0x00); //清除相关中断标志位
        c_new=1;
    }
    if(Sta_Int & MCP_RX1IF)               //接收缓冲器 1 中断
    {
        ReadRXB(1);                       //获取接收数据
        ModifyReg(MCP_CANINTF,0x02,0x00); //清除相关中断标志位
        c_new=1;
    }
    if(Sta_Int & MCP_TX0IF)               //发送缓冲器 0 中断
    {
        ModifyReg(MCP_CANINTF,MCP_TX0IF,0x00); //清除相关中断标志位
    }
    WriteReg(MCP_CANINTF,0x00);
}
//==================================================================
// 函数: tm0_isr() interrupt 1
// 说明: 定时器 0 中断函数, 1ms
//==================================================================
void tm0_isr() interrupt 1
{
    t0++;
    if (ring1) t1++;      //串口 1 通信延时计数
    else t1=0;
    if(t1>10 )
    {
        rnew1=1;          //超时 10ms 无数据判为帧结束
        ring1=0;
```

```
            rn1++;
            LED2=0;
        }
    }
//===============================================================
// 函数: void UART1_int (void) interrupt 4
// 说明: UART1 中断函数
//===============================================================
void UART1_int (void) interrupt 4
{
    if(RI)                      //收到数据
    {
        RI = 0;                 //标志位清零
        t1=0;
        if(!ring1)
        {
            ring1=1;
            rn1=0;
            rbuf1[0]=SBUF;
        }
        else
        {
            rn1++;                  //接收数据字节计数
            if(rn1<18)  rbuf1[rn1]=SBUF;
        }
    }
    if(TI)
    {
        TI=0;
        sp1++;                      //发送数据字节计数
        if(sp1<sn1) SBUF = tbuf1[sp1];
    }
}
```

4. 上位机主程序

USB 转 CAN 调试工具上位机软件界面见图 7-12, 分接收区、发送区、设定区和模式选择区。接收区显示 CAN 接收缓冲区数据, 依次为标识符 SID (含扩展标识)、数据长度 DLC 和数据 DAT, 数据固定显示 8 字节, 有效数据字节数以数据长度为准, 后面多余字节无效。发送区默认发送标准帧, SID 填写前 2 位即可, 单击"发送"按钮启动 CAN 口发送数据。CAN 设定区显示 CAN 口默认参数, 其中 CNF 参数可由波特率计算工具自动填写, 更改后单击"重设"按钮后参数生效。模式选择区默认为正常模式, 可接收和发送数据, 选择"环回模式"可用于调试工具自测。

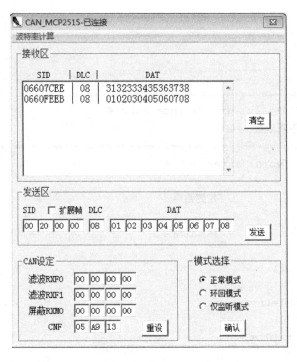

图 7-12　USB 转 CAN 调试工具上位机软件界面

主程序用 **VB6** 编写，源代码如下：

```
Option Explicit
Private Declare Sub Sleep Lib "kernel32" (ByVal dwMilliseconds As Long) '
声明延时函数
    Dim fx() As Byte            '发送的数据
    Dim Rec As Variant          '主机接收的数据
    '扩展模式选择
Private Sub Check1_Click()
    If Check1.Value Then
        Text3(1).Text = Hex(CByte("&H" & Text3(1).Text) Or 8)
    Else
        Text3(1).Text = Hex(CByte("&H" & Text3(1).Text) And &HF7)
    End If
End Sub
'调用计算波特率界面
Private Sub cnf_Click()
    Form2.Show
End Sub
'更改设置
Private Sub Command1_Click()
    Dim i As Integer
    ReDim fx(16)
    fx(0) = &HDB
    fx(1) = &HF1
    For i = 2 To 16
```

```
      fx(i) = CByte("&H" & Text1(i - 2).Text)
    Next i
    MSComm1.Output = fx()
End Sub
'更改模式
Private Sub Command2_Click()
    ReDim fx(2)
    fx(0) = &HDB
    fx(1) = &HF2
    If Option1.Value Then fx(2) = 0
    If Option2.Value Then fx(2) = &H40
    If Option3.Value Then fx(2) = &H60
    MSComm1.Output = fx()
End Sub
'发送数据
Private Sub Command3_Click()
    Dim i As Integer
    ReDim fx(12)
    For i = 0 To 12
      fx(i) = CByte("&H" & Text3(i).Text)
    Next i
    MSComm1.Output = fx()
End Sub
'清空显示
Private Sub Command5_Click()
    Text2.Text = ""
End Sub


'初始化
Private Sub Form_Load()
    ReDim fx(1)
    fx(0) = &HDB
    fx(1) = &HF0
    Com_search        '端口检测
End Sub
'退出程序
Private Sub Form_QueryUnload(Cancel As Integer, UnloadMode As Integer)
    If MSComm1.PortOpen Then MSComm1.PortOpen = False
    Unload Form2
End Sub
'搜索串口
Private Sub Com_search()
    Dim i As Integer
    Dim Ns As Integer
    For i = 2 To 30                    '依次打开串口
      MSComm1.CommPort = i
      On Error Resume Next
```

```
      MSComm1.PortOpen = True
      If Err.Number = 0 Then
        MSComm1.PortOpen = True
        Rec = MSComm1.Input
        MSComm1.Output = fx()              '发送读取参数命令
        Sleep 100
        Ns = MSComm1.InBufferCount
        Rec = MSComm1.Input                '接收数据
        If Ns = 1 Then
          MSComm1.RThreshold = 1           '串口有效，开启中断
          Command1.Enabled = True
          Command2.Enabled = True          '使能按钮
          Command3.Enabled = True          '使能按钮
          Timer1.Enabled = False           '停止搜索串口
          Form1.Caption = "CAN_MCP2515-已连接"
          Exit Sub
        Else
          MSComm1.PortOpen = False
        End If
      Else
        MSComm1.PortOpen = False
      End If
    Next i
    Form1.Caption = "CAN_MCP2515-未连接"
End Sub
'串口中断数据处理
Private Sub MSComm1_OnComm()
  Dim n As Integer
  Dim strRec As String
  Dim read_count As Integer
  strRec = ""
  Select Case MSComm1.CommEvent
    Case comEvReceive
      Sleep 30
      read_count = MSComm1.InBufferCount
      Rec = MSComm1.Input                  '接收数据
      If read_count = 13 Then
        For n = 0 To 3
          strRec = strRec & IIf(Rec(n) > 15, Hex(Rec(n)), "0" & Hex(Rec(n)))
        Next n
        strRec = strRec & " | " & IIf(Rec(4) > 15, Hex(Rec(4)), "0" &
Hex(Rec(4))) & " | "
        For n = 5 To 12
          strRec = strRec & IIf(Rec(n) > 15, Hex(Rec(n)), "0" & Hex(Rec(n)))
        Next n
      End If
      Text2.Text = Text2.Text & strRec & vbCrLf
```

```
    Case comEvSend
    Case comEventRxParity
  End Select
End Sub
'搜索串口直至搜索完成
Private Sub Timer1_Timer()
  Com_search
End Sub
```

5. 波特率计算工具

波特率计算工具软件界面见图 7-13，按界面左侧说明操作，单击"计算"按钮后如果"可预选分频值"文本框中无数值，可单击"误差"按钮再试 1 次。选择预分频值，单击"计算值"按钮，计算 TQ 的总数 Tqn，根据 Tqn 自动分配各段的 TQ 数，除了同步段固定为 1TQ，其余均可手动按注意事项调整。单击"生成 CNF"按钮，计算出 CNF 寄存器的值，同时刷新主程序中的 CNF 设置值。

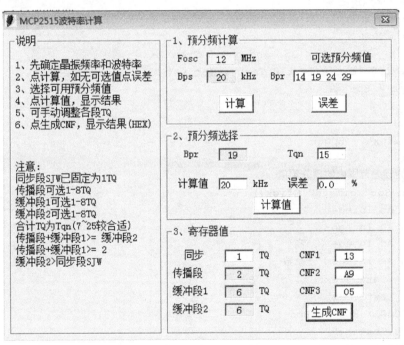

图 7-13　波特率计算工具软件界面

波特率计算工具软件用 VB6 编写，源代码如下：

```
Option Explicit
Dim Fosc As Long        '晶振频率
Dim Bps As Long         '波特率
Dim Bpr As Integer      '预分频
Dim Bpq As Integer      '预分频选择
Dim TQs As Byte         'TQ 总数
Dim TQ1 As Byte         '同步段，1~4，可固定为 1
Dim TQ2 As Byte         '传播段，1~8
```

```
Dim TQ3 As Byte        '缓冲段1，1~8
Dim TQ4 As Byte        '缓冲段2，1~8
Dim Tmp As Long


'计算预分频值
Private Sub Command1_Click()
  Dim m As Integer
  Dim n As Integer
  Dim k As Integer  '商
  Dim q As Integer  '余数
  Fosc = Text1.Text
  Bps = Text2.Text
  m = 1000 * Fosc / Bps
  Text10.Text = ""
  For Bpr = 1 To 63
    n = 2 * (Bpr + 1)
    k = m \ n
    q = m Mod n
    If (k > 6 And k < 25) And q = 0 Then
      Text10.Text = Text10.Text & Bpr & " "
      Bpq = Bpr
    End If
  Next Bpr
  Text8.Text = Bpq
End Sub
'计算一定误差范围内的预分频值
Private Sub Command2_Click()
  Dim m As Integer
  Dim n As Integer
  Dim k As Integer  '商
  Dim q As Integer  '余数
  Fosc = Text1.Text
  Bps = Text2.Text
  m = 1000 * Fosc \ Bps
  Text10.Text = ""
  For Bpr = 1 To 63
    n = 2 * (Bpr + 1)
    k = m \ n
    q = m Mod n
    If (k > 6 And k < 25) And q < 3 Then
      Text10.Text = Text10.Text & Bpr & " "
      Bpq = Bpr
    End If
  Next Bpr
  Text8.Text = Bpq
```

```vb
End Sub
'计算 TQ 总数 Tqn
Private Sub Command3_Click()
  Dim i As Integer
  Dim tq As Integer
  Dim m As Integer
  Dim n As Integer
  Dim k As Integer  '商
  m = 1000 * Fosc / Bps
  n = CByte(Text8.Text)
  n = 2 * (n + 1)
  k = m \ n
  Text9.Text = k
  TQs = k
  Text13.Text = 1000 * Fosc / (k * n)
  Text14.Text = Format(100 * (1000 * Fosc / (k * n) - Bps) / Bps, "#0.0")
  For i = 2 To 8
    TQ2 = i
    k = (TQs - 1 - TQ2) \ 2
    If k > 2 And k < 8 Then
      TQ3 = k
      TQ4 = TQs - 1 - TQ2 - TQ3
      Exit For
    End If
  Next i
  Text5.Text = TQ2
  Text6.Text = TQ3
  Text7.Text = TQ4
End Sub
'计算 CNF 寄存器设置值
Private Sub Command4_Click()
  Dim m As Integer
  Dim n As Integer
  Dim k As Integer  '商
  Text12.Text = IIf(Bpq > 15, Hex(Bpq), "0" & Hex(Bpq))
  m = &H80 + 8 * (TQ3 - 1) + TQ2 - 1
  Text11.Text = Hex(m)
  Text3.Text = "0" & Hex(TQ4 - 1)
  Form1.Text1(14).Text = Text12.Text
  Form1.Text1(13).Text = Text11.Text
  Form1.Text1(12).Text = Text3.Text
End Sub
'手动修改 TQ 值
Private Sub Text5_Change()
  TQ2 = Text5.Text
End Sub
Private Sub Text6_Change()
```

```
    TQ3 = Text6.Text
End Sub
Private Sub Text7_Change()
  TQ4 = Text7.Text
End Sub
Private Sub Text8_Change()
  Bpq = Text8.Text
End Sub
```

第8章　电度表集中抄表装置设计

　　某厂有 33 个高压配电所，平均每个配电所有 20 多个回路，每个回路都有电度表，合计 600 多块电度表，每天都需要抄表，数据用于班组核算和节能管理，人工抄表工作量很大。为建立电度表集中抄表系统，设计的电度表集中抄表装置有 4 个 RS485 接口，1 个以太网接口，用 RS485 接口采集电度表电量等信息，存储到内部寄存器，通过以太网接口接到原电力自动换光纤以太网组网，网内上位机定时采集各配电所内抄表装置数据并保存到数据库，加上查询、报表等功能构成了电度表集中抄表系统。本章重点讲解集中抄表装置的硬件设计，以及软件方面 DL/T 645 电度表通信规约和 Modbus/TCP 规约的实现方法。

8.1　电度表集中抄表装置电路原理

　　电度表集中抄表装置电路原理图见图 8-1，由单片机、以太网通信单元、4 个 RS485 通信单元、稳压电源单元组成。单片机 STC15W4K16S 有 16KB Flash 存储器、4KB RAM、42KB EEPROM、1 个 SPI 接口和 4 个串口，适合用于通信协议转换装置。以太网通信单元由 ENC28J60 和 RJ45 接口构成，单片机通过 SPI 总线和以太网通信单元连接，4 个 RS485 通信单元分别与单片机的 4 个 UART 接口连接。

　　ENC28J60 是带有 SPI 通信接口的独立以太网控制器。它可作为任何配备有 SPI 的控制器的以太网接口。ENC28J60 符合 IEEE 802.3 的全部规范，采用了一系列包过滤机制以对传入数据包进行限制。它还提供了一个内部 DMA 模块，以实现快速数据吞吐和硬件支持的 IP 校验和计算。与主控制器的通信通过两个中断引脚和 SPI 实现，数据传输速率高达 10 Mbit/s。两个专用的引脚用于连接 LED，进行以太网活动状态指示。

　　该电路设计不限于电度表集中抄表，从硬件结构上看可以用于具有 RS485 接口的设备扩展以太网接口，只要根据不同需要编写不同程序即可。4 个 RS485 通信接口，当外接设备较多时，可以分组接入，一般每组不宜超过 32 个，可以提高通信效率，当接入设备通信协议不同时，按通信协议分组接入，扩大了电路的适用范围。RS485 通信电路根据现场情况可以加入光电隔离装置。

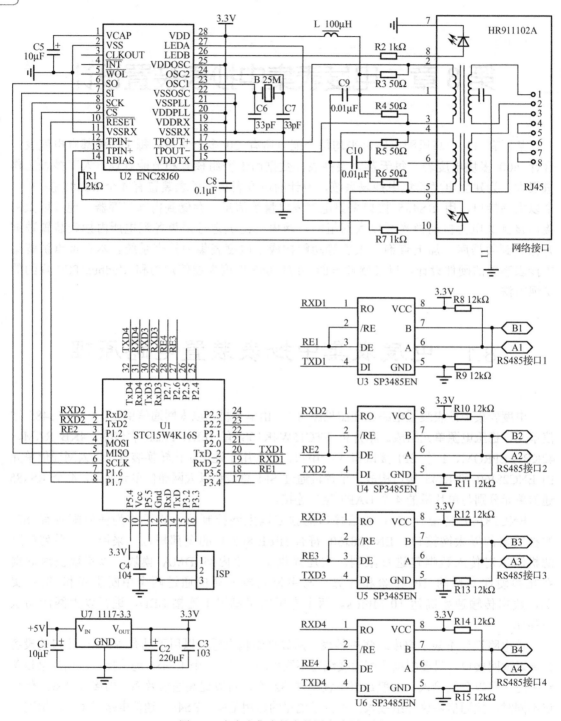

图 8-1　电度表集中抄表装置电路原理图

8.2 电度表 DL/T645 通信规约实现方法

8.2.1 DL/T645 通信规约简介

DL/T645 通信规约适用于电度表，按版本分 1997 版和 2007 版，其中 1997 版实际使用得较多，此处介绍的通信规约全称为《DL/T645-1997 多功能电能表通信规约》。DL/T645 通信规约规定使用 RS485 通信接口，通信参数为 "-1200,e,8,1"，其中只有波特率能改，但重新上电后会恢复默认的 1200bps，这个特点使得集中抄表装置只能使用 1200bps。

1. 帧格式

DL/T645 通信规约的帧格式见表 8-1，需要注意的是通信地址和数据内容低位在前，高位在后，顺序是颠倒的。起始符固定为 0x68，结束符固定为 0x16，通信地址由 6 个字节构成，12 位 BCD 码，一般出厂设为表号，用户可通过通信修改通信地址。

表 8-1 DL/T645 通信规约帧格式

代码	0x68	A0	A1	A2	A3	A4	A5	0x68	C	L	DATA	CS	0x16
说明	起始符			通信地址				起始符	控制码	数据长度	数据	校验	结束符

控制码的格式见表 8-2，做为主站常用的控制码有读数据 0x01 和写设备地址 0x0A，其他控制码很少使用。数据长度 L 为数据字节数，要求读数据时 L≤200，写数据时 L≤50，L=0 表示无数据。数据 DATA 发送时按字节进行加 0x33 处理，接收时按字节减 0x33 处理。校验码 CS 取从起始符开始到校验码之前的所有字节的和的低 8 位。

表 8-2 控制码格式

位	值	说 明
D7	0	由主站发出的命令帧
	1	由从站发出的命令帧
D6	0	从站正确应答
	1	从站对异常信息的应答
D5	0	无后续数据帧
	1	有后续数据帧
D4～D0	00000	保留
	00001	读数据
	00010	读后续数据
	00011	重读数据
	00100	写数据
	01000	广播校时
	01010	写设备地址

续表

位	值	说　　明
D4～D0	01100	更改通信速率
	01111	修改密码
	10000	最大需量清零

2．常用帧实测数据解析

用串口助手与电度表通信，首先将电度表地址改为 1234，然后再分别读取电压、电流、有功电量进行测试，通过实测数据与帧格式对比，可更深入地理解 DL/T645 通信规约。

1）更改通信地址

图 8-2 是电度表更改通信地址通信测试截图，注意更改通信地址之前需要按下电度表的编程按键，电度表 LCD 屏显示按键符号，指示电度表处于编程状态才能更改通信地址。从图中发送数据帧可以看出通信地址为 999999999999，是广播地址，不需要电度表的原地址，当通信总线上有多块电度表时，哪个按下编程按键，就更改哪块电度表。控制码 0x0A，表示写设备地址，数据长度 0x06，待写入地址为 1234，不足 12 位，前面补 0，数据按字节做加 0x33 再调换前后位置变为 674533333333，数据后面 0xEE 是校验码。

反馈数据帧前面有 2 个 0xFE，属于前导字节，通信规约要求 1～4 个字节，不同厂家可能不同，处理接收数据时要注意过滤前导字节，校验码计算也是不含前导字节的。数据帧中通信地址已经是修改后的地址了（000000001234），控制码 0x8A，代表是从站对写设备地址的应答，数据长度 0，后面无数据，紧跟着校验码 0xA0。

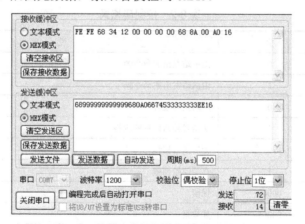

图 8-2　电度表更改通信地址通信测试截图

2）读电压

图 8-3 所示是电度表读取 A 相电压测试截图，通信地址是 1234，控制码是 0x01，代表读数据，数据长度 0x02，2 字节数据是标识编码，查 DL/T645 通信规约，A 相电压的标识编

码为 0xB611，按字节做加 0x33 处理后再调换位置变为 0x44E9，校验码为 0x46。

返回数据帧通信地址是 1234，控制码为 0x81，代表是对读数据的应答，数据长度为 0x04。数据 44E9BC33 按字节做减 0x33 处理后变为 11B68900，前 2 个字节是标识编码 0xB611，后 4 个字节是电压值 0089。

图 8-3　电度表读取 A 相电压测试截图

3）读电流

图 8-4 是电度表读取 A 相电流测试截图，通信地址是 1234，控制码是 0x01，代表读数据，数据长度为 0x02，A 相电流的标识编码为 0xB621，按字节做加 0x33 处理后再调换位置变为 0x54E9，校验码为 0x56。

返回数据帧通信地址是 1234，控制码为 0x81，代表对读数据的应答，数据长度为 0x04，数据 54E93333 按字节做减 0x33 处理后变为 21B60000，前 2 个字节是标识编码 0xB621，后 4 个字节是电流值 00.00。

图 8-4　电度表读取 A 相电流测试截图

4）读有功电量

图 8-5 是电度表读取有功电量测试截图，通信地址是 1234，控制码是 0x01，代表读数

据，数据长度为 0x02，当前正向有功总电能的标识编码为 0x9010，按字节做加 0x33 处理后再调换位置变为 0x43C3，校验码为 0x1F。

返回数据帧通信地址是 1234，控制码为 0x81，代表对读数据的应答，数据长度为 0x06，数据 43C349B33533 按字节做减 0x33 处理后变为 109016800200，前 2 个字节是标识编码 9010，后 4 个字节是电量 000280.16。

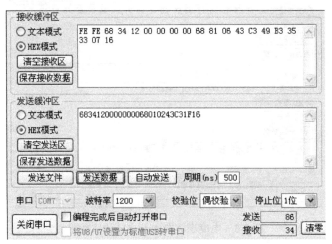

图 8-5　电度表读取有功电量测试截图

8.2.2　单片机与电度表通信的 C 程序说明

以串口 1 接 20 块电度表为例，每块表只采集有功电量，数据占 4 字节，设数据寄存器区 Reg[800]，20 块电度表电量数据依次占前 80 个字节，余下字节保存其他数据。设校验和用变量 CS，将电度表表号建立数据表，在主程序中定时调用读取电度表电量的子程序，循环依次采集各电度表有功电量，收到电度表反馈数据后解析，将有功电量保存至数据寄存器。串口中断发送部分加入了偶校验实现的代码。

```
unsigned char xdata Reg[800];        //数据寄存器
unsigned char CS;                    //校验
unsigned char code mid[120]={        //电度表号，20 个（地址低位在前）
                    0x07,0x00,0x00,0x00,0x00,0x00,   //102601
                    0x11,0x00,0x00,0x00,0x00,0x00,   //102602
                    0x12,0x00,0x00,0x00,0x00,0x00,   //102603

                        ……
                    };
//========================================================
// 函数名称 : DLT645()
// 函数功能 : 发送一组读取数据命令，读取电度表电量参数
// 入口参数 : n-地址表序号，addr-标识编码
//========================================================
void DLT645(unsigned char n,unsigned int addr)
{
    unsigned char i;
```

```c
        RE1=1;                              //使能 RS485 发送
        sendbuf1[0]=0x68;                   //起始符
        for(i=0;i<6;i++) sendbuf1[i+1]=mid[6*(n-1)+i];        //通信地址
        sendbuf1[7]=0x68;                   //起始符
        sendbuf1[8]=0x01;                   //读数据
        sendbuf1[9]=0x02;                   //2 字节地址数据
        sendbuf1[10]=addr%256+0x33;         //地址低字节在前
        sendbuf1[11]=addr/256+0x33;         //高字节在后
        CS=0;
        for(i=0;i<12;i++) CS=CS+sendbuf1[i];
        sendbuf1[12]=CS%256;                //校验和
        sendbuf1[13]=0x16;                  //结束符
        send_n1=14;                         //发送数据量
        send_p1=0;                          //起始位置
        SBUF = sendbuf1[0];                 //启动发送
}
int main(void)                              //主程序
{
    unsigned char i;
    unsigned char fn;                       //前导字节长度
    unsigned char mn;                       //电度表报文长度
    … …
    while (1)
    {
        if(t0>1000)                         //1 秒计数
        {
            tn++;
            if(tn>20) tn=1;
            DLT645(tn,0x9010);              //读取有功电量
            t0=0;
        }
        if(rcv_new1)                        //有数据返回，解析数据
        {
            fn=0;
            for(i=0;i<5;i++)                //找起始符，过滤前导字节
            {
                if(recebuf1[i]==0x68)
                {
                    fn=i;
                    break;
                }
            }
            CS=0;
            mn=10+recebuf1[9+fn]+fn;        //有效报文长度
            for(i=fn;i<mn;i++) CS=CS+recebuf1[i];      //校验计算
            if(recebuf1[mn]==CS)            //校验正确
            {
```

```
                    i=(tn-1)<<2;              //电量数据减 0x33, 调换顺序保存
                    Reg[i]= recebuf1[15+fn]-0x33;
                    Reg[i+1]= recebuf1[14+fn]-0x33;
                    Reg[i+2]= recebuf1[13+fn]-0x33;
                    Reg[i+3]= recebuf1[12+fn]-0x33;
                }
                rcv_new1=0;                   //清有数据返回标志
        }
//=======================================================
// 函数: void UART1_int (void) interrupt 4
// 描述: UART1 中断函数
//=======================================================
void UART1_int (void) interrupt 4
{
    if(RI)
    {
        RI = 0;
        t1=0;
        if(!rcv_ing1)
        {
            rcv_ing1=1;
            rcv_n1=0;
            recebuf1[0]=SBUF;
        }
        else
        {
            rcv_n1++;
            if(rcv_n1<50) recebuf1[rcv_n1]=SBUF;
        }
    }
    if(TI)
    {
        TI=0;
        send_p1++;
        if(send_p1<send_n1)
        {
            ACC = sendbuf1[send_p1];          //获取校验位 P(PSW.0)
            if(P) SCON |= 0x08;               //根据 P 来设置校验位
            else  SCON &= ~0x08;              //设置校验位为 0
            SBUF = ACC;
        }
        else RE1=0;                           //数据发送完, RS485 转接收状态
    }
}
```

8.3　以太网 Modbus/TCP 协议实现方法

8.3.1　以太网控制器 ENC28J60 数据传输

以太网控制器 ENC28J60 内部没有集成硬件 TCP/IP 协议栈，需要编写协议栈程序，缺点是程序代码复杂，优点是使用方法更灵活，能突破硬件协议栈的束缚。如 W5500 内部有 8 个硬件 Socket，只能建立 8 个连接，用 ENC28J60 就没有这个限制。ENC28J60 的功能仅限于以太网数据包的传输、简单的 MAC 滤除和 CRC 校验，以太网数据包格式见表 8-3。单片机通过 SPI 接口控制 ENC28J60 接收到的数据是标准以太网帧内容，其余被滤除；发送时也是标准以太网帧，前导字段、SFD 和 FCS 会自动添加。

表 8-3　以太网数据包格式

序号	字　　段	字节数	说　　明	备　　注
1	前导字段	7	被 MAC 滤除	
2	SFD	1	帧起始定界符，被 MAC 滤除	
3	DA	6	目标 MAC 地址	
4	SA	6	源 MAC 地址	标准以太网帧过滤后的有效数据用于计算 FCS
5	类型/长度	2	0x0800-IP 报文，0x0806-ARP 报文	
6	数据	46~1500	数据包有效负载和可选的填充字段	
7	填充			
8	FCS	4	帧校验序列-CRC	

为提高单片机的响应速度，使用 STC15W4K 内部 22.1184MHz 时钟，其 SPI 接口最高速率为 5.53MHz（Fosc/4），ENC28J60 的 SPI 接口传输速率高达 10Mb/s。要求 SCK 在空闲状态为低电平，在 SCK 的上升沿通过 SI 引脚移入数据，在下降沿通过 SO 引脚输出数据，CS 引脚低电平时 SPI 时序有效。

有时购买 ENC28J60 以太网模块会送 ENC28J60 驱动例程和 TCP/IP 软件协议例程，其中 ENC28J60 驱动例程基本可以直接用，需要根据实际电路调整 CS 和 RST 引脚的位置设定，调整 SPI 驱动接口。

```
//=========================================================
//STC15W4K 单片机驱动 ENC28J60
//SPI 接口：SCK0-P1.5, MISO-P1.4, MOSI-P1.3, CS-P1.6, RESET-P1.7
//=========================================================
#include "STC15Wxx.h"
#include "enc28j60.h"
sbit RST = P1^7;                      //定义 RST 引脚
sbit CS = P1^6;                       //定义 CS 引脚
//=========================================================
// 功能：ENC28J60 读操作
// 参数：op-操作码，address-操作参数
```

```
//========================================================
unsigned char enc28j60ReadOp(unsigned char op, unsigned char address)
{
    CS=0;
    SPDAT = op | (address & ADDR_MASK); //ADDR_MASK, 0x1F, 高 3 位操作码
    while (!(SPSTAT & 0x80));    //等待发送完成
    SPSTAT = 0xC0;               //清除 SPI 状态位
    SPDAT = 0x00;                //发送任意数值，启动接收时序
    while (!(SPSTAT & 0x80));    //等待发送完成
    SPSTAT = 0xC0;               //清除 SPI 状态位
    if(address & 0x80)           //读第二个字节
    {
        SPDAT = 0x00;
        while (!(SPSTAT & 0x80));    //等待发送完成
        PSTAT = 0xC0;            //清除 SPI 状态位
    }
    CS=1;
    return(SPDAT);
}
//========================================================
// 功能：ENC28J60 写操作
// 参数：op-操作码，address-操作参数，dat-写入数据
//========================================================
void enc28j60WriteOp(unsigned char op, unsigned char address, unsigned
char dat)
{
    CS=0;
    SPDAT = op | (address & ADDR_MASK);
    while (!(SPSTAT & 0x80));    //等待发送完成
    SPSTAT = 0xC0;               //清除 SPI 状态位
    SPDAT = dat;
    while (!(SPSTAT & 0x80));    //等待发送完成
    SPSTAT = 0xC0;               //清除 SPI 状态位
    CS=1;
}
//========================================================
// 功能：ENC28J60 读缓冲器
// 参数：len-数据长度，dat-存放地址
//========================================================
void enc28j60ReadBuffer(unsigned int len, unsigned char* dat)
{
    CS=0;
    SPDAT = ENC28J60_READ_BUF_MEM;       // ENC28J60_READ_BUF_MEM, 0x3A
    while (!(SPSTAT & 0x80));    //等待发送完成
    SPSTAT = 0xC0;               //清除 SPI 状态位
    while(len)
    {
```

```
        len--;
        SPDAT = 0x00;
    while (!(SPSTAT & 0x80));       //等待发送完成
    SPSTAT = 0xC0;                  //清除 SPI 状态位
        *dat = SPDAT;
        dat++;
    }
    *dat='\0';
    CS=1;
}
//========================================================
// 功能：ENC28J60 写缓冲器
// 参数：len-数据长度，dat-存放地址
//========================================================
void enc28j60WriteBuffer(unsigned int len, unsigned char *dat)
{
    CS=0;
    SPDAT = ENC28J60_WRITE_BUF_MEM; //ENC28J60_WRITE_BUF_MEM  0x7A
    while (!(SPSTAT & 0x80));       //等待发送完成
    SPSTAT = 0xC0;                  //清除 SPI 状态位
    while(len)
    {
        len--;
        SPDAT = *dat;
        dat++;
    while (!(SPSTAT & 0x80));       //等待发送完成
    SPSTAT = 0xC0;                  //清除 SPI 状态位
    }
    CS=1;
}
```

上面给出了 ENC28J60 的 SPI 接口读写代码，其余的代码大同小异，主要是实现寄存器读写，进而实现初始化、数据发送和接收功能。

8.3.2　TCP/IP 软件协议栈

电度表集中抄表装置的以太网接口工作于 TCP_Serve 模式，端口使用 Modbus 专用端口 502（0x01F6），常见的 C51 类 TCP/IP 软件协议栈可以直接应用，稍作修改优化下会更好，这里不再详述。下面主要说明电度表集中抄表装置和上位机的以太网通信过程。

上位机编程较为简单，使用 Socket 控件，指定抄表装置的 IP 地址和端口发起连接，连接成功后定时发送读取命令读取数据。Ethereal 软件是一种以太网报文解析软件，用 Ethereal 软件抓取报文截图见图 8-6，底层的通信过程比较复杂。

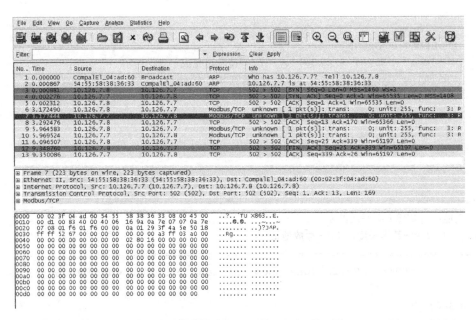

图 8-6　用 Ethereal 软件抓取报文截图

按抓取报文序号说明具体通信过程如下：

（1）主机发 ARP 报文，查询 10.126.7.7 的 MAC 地址。

（2）从机回复 RARP 报文，10.126.7.7 的 MAC 地址是 54:55:58:38:36:33。

（3）主机向从机发 SYN，要建立连接。

（4）从机回复 SYN 和 ACK，同意建立连接。

（5）主机向从机发 ACK，TCP 连接建立。

（6）主机向从机发 Modbus/TCP 报文，请求数据。

（7）从机返回 Modbus/TCP 报文，含数据。

（8）主机向从机发 ACK，确认收到数据。

（9）主机再次向从机发 Modbus/TCP 报文，请求数据。

（10）从机返回 Modbus/TCP 报文，含数据。

（11）主机向从机发 ACK，确认收到数据。

（12）主机向从机发 FIN，要求释放连接。

（13）从机回复 ACK，同意释放连接。

以上报文总结起来包含 4 个部分：第 1 部分由（1）和（2）组成，是 ARP 报文，首次连接时使用，表面上看连接只需要 IP 地址和端口，实际报文要用到 MAC 地址，当不知道对方 MAC 地址时，就用 ARP 报文取得对方 MAC 地址。第 2 部分由（3）、（4）和（5）组成，是建立 TCP 连接报文，又称"三次握手"。第 3 部分由（6）、（7）、（8）、（9）、（10）和（11）组成，是 TCP 数据传输报文，用端口 502，会按照 Modbus/TCP 协议解析。第 4 部分由（12）和（13）组成，是释放 TCP 连接报文，后面还有报文，从机向主机发 FIN，主机回复 ACK，确认释放连接。

为了测试方便，电度表集中抄表装置还需支持 ICMP 报文，就是能响应常用的 ping 命令。图 8-7 是 ping 测试时抓取的 ICMP 报文截图，主机每秒发送 1 次，共 4 次，从机是否能反应、反应时间长短代表了线路和网络设备的通信状态是否良好。

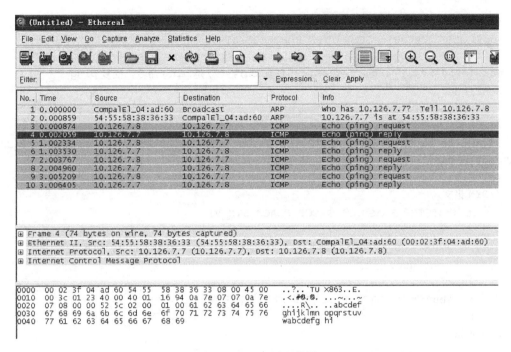

图 8-7　ICMP 报文截图

8.3.3　Modbus/TCP 协议

Modbus-TCP 协议是在以太网上应用的 Modbus 协议，与 RS485 网络的 Modbus 协议相比变化不大，只是在 Modbus 报文前加了 6 个字节，由于 TCP 报文有校验，所以在后面省去了 2 个字节的 CRC 校验。增加的 6 个字节代表如下：

（1）事务处理标识符高字节。

（2）事务处理标识符低字节，主机的事务处理标识符不断变化，从机必须与其一致。

（3）协议标识符高字节。

（4）协议标识符低字节，一般为 0x0000。

（5）数据长度高字节，为 0，要求数据长度小于 256。

（6）数据长度低字节，从第 7 个字节开始到最后字节的数量。

电度表集中抄表装置主程序中，Modbus/TCP 报文解析处理的源代码如下：

```
plen = enc28j60PacketReceive(BUFFER_SIZE, buf);      //读 ENC28J60 数据包
if(plen==0) continue;                                //长度为 0，不处理
//ARP 报文解析处理
if(eth_type_is_arp_and_my_ip(buf,plen))
{
    make_arp_answer_from_request(buf);               //是 ARP 报文，回复 ARP
continue;
}
//IP 报文解析
if(eth_type_is_ip_and_my_ip(buf,plen)==0)  continue;      //不是 IP 报文不处理
//ICMP 报文解析处理
```

```
if(buf[IP_PROTO_P]==IP_PROTO_ICMP_V &&
 buf[ICMP_TYPE_P]==ICMP_TYPE_ECHOREQUEST_V)
{
make_echo_reply_from_request(buf,plen);   //是 ping 命令, 回复 ping
continue;
}
//TCP 报文解析处理
if(buf[IP_PROTO_P]==IP_PROTO_TCP_V&&buf[TCP_DST_PORT_H_P]==1&&buf[TCP_DST_
PORT_L_P]==0xF6)
{
//SYN 报文
    if (buf[TCP_FLAGS_P] & TCP_FLAGS_SYN_V)
{
        make_tcp_synack_from_syn(buf);          //是 SYN 报文, 回复 SYN、ACK
        continue;
    }
    if (buf[TCP_FLAGS_P] & TCP_FLAGS_ACK_V)
    {
//ACK 报文
        dat_p=get_tcp_data_pointer();
        if (dat_p==0)
        {
            if (buf[TCP_FLAGS_P] & TCP_FLAGS_FIN_V)
            {
//FIN 报文
                make_tcp_ack_from_any(buf);    //回复 ACK
enc28j60PacketSend(IP_HEADER_LEN+TCP_HEADER_LEN_PLAIN+ETH_HEADER_LEN,buf);
            }
            continue;
        }
//MODBUS/TCP 报文解析处理
        else
        {
            byt=buf[dat_p+11]<<1;          //计算请求数据的字节数
            adr=buf[dat_p+8]<<1;           //计算请求数据的起始地址
            adr<<=8;
            adr+=buf[dat_p+9];
            mytcp[0]=buf[dat_p+0];         //事务处理标识符, 与主机数据识别一致
            mytcp[1]=buf[dat_p+1];
            mytcp[2]=0;                    //协议标识符为 0
            mytcp[3]=0;
            mytcp[4]=0;
            mytcp[5]=byt+3;                //Modbus 报文字节数
            mytcp[6]=0xFF;                 //Modbus 地址码
            mytcp[7]=0x3;                  //Modbus 功能码
            mytcp[8]=byt;                  //数据字节数
            for(i=0;i<byt;i++)
```

```
            {
                mytcp[9+i]=Reg[adr+i];   //数据
            }
            plen=0;
            plen=fill_tcp_data_d(buf,plen,mytcp,byt+9);      // 装填数据
            make_tcp_ack_from_any(buf);                      // 装填报文头
            make_tcp_ack_with_data(buf,plen);                // 发送数据
        }
    }
}
```

8.3.4　电度表集中抄表装置测试

焊接组装完毕，写入程序，接通电源、网线，首先进行 ping 测试，结果如图 8-8 所示，没有丢包，平均响应时间为 1ms。

图 8-8　ping 测试结果

然后测试串口 1 的 RS485 报文正常，再将通信地址为 12 的电度表接入 RS485 接口，接着用 ModScan32 软件测试，设置 TCP 连接的界面见图 8-9，测试数据界面见图 8-10，寄存器 5、6 的数据位为 0x00028016，查看电度表的实际有功电量为 280.16，数据正确。

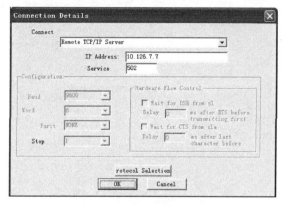

图 8-9　TCP 连接参数设置界面

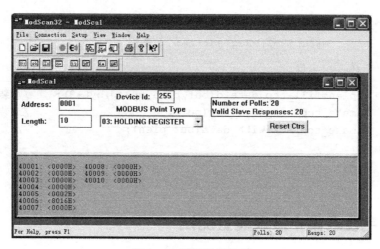

图 8-10　测试数据界面

第9章　单片机模拟其他通信接口

单片机通信接口不会很全面，遇到单片机没有的通信接口，可以先熟悉通信接口的时序，然后用单片机的引脚通过软件编程模拟通信接口，前面讲到的串口、SPI 接口都是可以模拟的。模拟通信接口的主要缺点是程序复杂、效率低，但是当单片机本身没有想用的通信接口时，还是可以考虑使用模拟通信接口。本章重点讲解 STC15W4K 单片机模拟 I^2C 总线与多种 I^2C 总线接口器件的通信过程，最后再讲解韦根通信协议。

9.1　单片机模拟 I^2C 总线

9.1.1　I^2C 总线简介

I^2C（Inter-Integrated Circuit）总线用于电路中单片机及其外围器件的通信连接。I^2C 总线是由数据线 SDA 和时钟 SCL 构成的串行总线，可发送和接收数据。同一 I^2C 总线上的外围器件地址不能相同，一般允许同时接入 I^2C 总线的器件能通过其引脚接线改变部分地址，如 LM75A 有 3 个地址引脚，同一 I^2C 总线内可以接入 8 个 LM75A。

STC15W4K 系列单片机没有硬件 I^2C 总线，要与 I^2C 接口器件通信需要用 2 个引脚来模拟 I^2C 总线的数据线 SDA 和时钟 SCL，需要模拟的基本时序有空闲状态、开始信号、数据传输、应答信号和结束信号。

1. 空闲状态

I^2C 总线的 SDA 和 SCL 两条信号线同时处于高电平时，规定为总线的空闲状态。此时各个器件的输出级场效应管均处在截止状态，即释放总线，由总线的上拉电阻把电平拉高。

2. 开始信号

SCL 为高电平时，SDA 由高电平向低电平跳变，然后 SCL 变为低电平，表示可以传输数据。

3. 数据传输

在 I^2C 总线上传送的每一位数据都有一个时钟脉冲相对应，即在 SCL 串行时钟的配合下，在 SDA 上逐位地串行传送每一位数据。在 SCL 为低电平期间，才允许 SDA 上的电平改变状态，在 SCL 高电平期间读取 SDA 上的数据，低电平为 0，高电平为 1。

4. 应答信号

接收数据的器件（包括单片机）在接收到 8bit 数据后，向 I²C 总线发送 1 位数据 0，表示已收到数据。单片机收到最后的数据后，向 I²C 总线发送 1 位数据 1，表示数据接收完毕，准备发送结束信号。

5. 结束信号

SCL 为高电平时，SDA 由低电平向高电平跳变，表示结束传送数据。

9.1.2 单片机模拟 I²C 总线的 C 程序

程序源码如下：

```
//========================================================
// STC15W4K 单片机模拟 I2C
//========================================================
#include "STC15Wxx.h"
sbit SDA=P0^5;              //模拟 I2C 数据位
sbit SCL=P0^6;              //模拟 I2C 时钟位
bit back;                   //应答标志位
//========================================================
// 函数: Delay5us(void)
// 说明: 延时 5μs，模拟 I2C 时钟间隔，对应 I2C 总线频率约 100kHz
//========================================================
void Delay5us(void)        //@11.0592MHz
{
    unsigned char i;
    i = 11;
    while (--i);
}
//========================================================
// 函数: Start()
// 说明: 启动 I2C 总线(SCL 高电平时 SDA 下降沿)
//========================================================
void Start()
{
    SDA=1;
    SCL=1;          //SCL 高电平
    Delay5us();
    SDA=0;          //SDA 下降沿
    Delay5us();
    SCL=0;
    Delay5us();
}
//========================================================
// 函数: Stop()
```

```c
// 说明: 结束 I2C 总线(SCL 高电平时 SDA 上升沿)
//========================================================
void Stop()
{
    SDA=0;
    SCL=1;
    Delay5us();
    SDA=1;
    Delay5us();
}
//========================================================
// 函数: SendByte(unsigned char c)
// 说明: 将数据 c 发送出去, 返回 back-应答位检测结果
//========================================================
void SendByte(unsigned char c)
{
    unsigned char i;
    for(i=0;i<8;i++)                //传送 8 位数据
    {
        if((c<<i)&0x80) SDA=1;   //发送位是 1
        else  SDA=0;             //发送位是 0
        SCL=1;                   //模拟时钟脉冲
        Delay5us();
        SCL=0;
    }
    SDA=1;                          //准备接收应答位
    SCL=1;
     Delay5us();
    if(SDA)back=0;                  //无应答
    else back=1;                    //有应答
    SCL=0;
    Delay5us();
}
//========================================================
// 函数: unsigned char RcvByte()
// 说明: 字节数据接收, 不含应答位
//========================================================
unsigned char RcvByte()
{
    unsigned char n;
    unsigned char i;
    n=0;
    SDA=1;                          //拉高 SDA, 准备接收数据
    for(i=0;i<8;i++)                //循环 8 次, 接收 8 位数据
     {
        SCL=0;                      //模拟时钟脉冲
        Delay5us();
```

```
        SCL=1;
        Delay5us();
        n=n<<1;
        if(SDA==1)n=n+1;              //时钟脉冲高位时读数据位
    }
    SCL=0;
    return(n);
}
//================================================
// 函数：Ack(bit a)
// 说明：应答位(a=0：应答信号；a=1：非应答信号)
//================================================
void Ack(bit a)
{
    if(a==0)SDA=0;        //应答信号
    else SDA=1;           //非应答信号
    SCL=1;                //模拟时钟脉冲
    Delay5us();
    SCL=0;
    Delay5us();
}
//================================================
// 说明：向有子地址的器件发送多字节数据函数
// sla-器件地址，suba-器件寄存器地址，s-发送内容，len-发送字节数
// 返回 1 表示操作成功
//================================================
bit ISendStr(unsigned char sla,unsigned char suba,unsigned char
*s,unsigned char len)
{
    unsigned char i;
    Start();                      //启动总线
    SendByte(sla);                //发送器件地址
    if(!back)return(0);
    SendByte(suba);               //发送器件子地址
    if(!back)return(0);
    for(i=0;i<len;i++)
    {
        SendByte(*s);             //循环发送数据
        if(!back)return(0);
        s++;
    }
    Stop();                       //结束总线
    return(1);
}
//================================================
// 说明：向有子地址器件读取多字节数据函数
// sla-器件地址，suba-器件寄存器地址，s-接收数据存放地址，len-接收字节数
```

```
// 返回 1 表示操作成功
//======================================================
bit IRcvStr(unsigned char sla,unsigned char suba,unsigned char *s,unsigned
char len)
{
    unsigned char i;
    Start();                      //启动总线
    SendByte(sla);                //发送器件地址
    if(!back)return(0);
    SendByte(suba);               //发送器件子地址
    if(!back)return(0);
    Start();                      //重新启动总线
    SendByte(sla+1);              //发送读取请求
    if(!back)return(0);
    for(i=0;i<len-1;i++)          //读取 len-1 个数据
    {
        *s=RcvByte();             //读取数据
        Ack(0);                   //发送应答位
        s++;
    }
    *s=RcvByte();                 //读取最后 1 个数据
    Ack(1);                       //发送非应位
    Stop();                       //结束总线
    return(1);
}
```

9.2　几种 I²C 接口器件的通信测试

9.2.1　红外温度传感器 MLX90614

1. MLX90614 的主要参数

MLX90614 红外测温传感器引脚排列见图 9-1，引脚 3、4 是电源端，根据具体型号可使用 3V 或 5V 电压，典型工作电流为 1.5mA，引脚 1、2 接 I²C 总线。传感器测温范围为-70℃～+380℃。

MLX90614 采用的封装形式为 TO-39，常见的 MLX90614 外形如图 9-2 所示，图中两种型号的主要区别在于测温距离的长短不同，MLX90614XCF 的测温距离约为 50cm，MLX90614XXA 的测温距离约为 5cm。

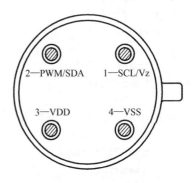

图 9-1　MLX90614 红外
测温传感器引脚排列

（a）MLX90614XCF   （b）MLX90614XXA

图 9-2　常见 MLX90614 的外形图

2．MLX90614 测温数据读取与换算

MLX90614 读温度寄存器 I²C 总线时序见图 9-3，MLX90614 器件地址为 0xB4，温度寄存器地址为 0x07，返回数据包含 3 字节，温度数据为 0x3AD2，校验数据为 0x30。

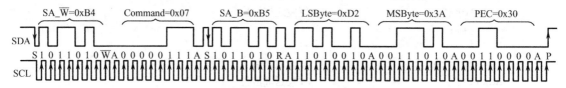

图 9-3　MLX90614 读温度寄存器 I²C 总线时序

使用模拟 I²C 总线的 C 程序中由子地址读取多字节数据函数直接读取温度数据，再进行温度换算：T= (DataH:DataL)×0.02−273.15。部分程序代码如下：

```
bit ok;                          //读取成功标志
unsigned char tmp[3];            //温度寄存器
unsigned int Tdat;               //温度值×10
unsigned long tng;               //临时量
ok=IRcvStr(0xB4,0x07,tmp,3);     //采集温度
tng=tmp[1];                      //数值转换
tng<<=8;
tng+=tmp[0];
tng=tng/5;
if(tng>=2731)
{
    tng=tng-2731;
    Tdat=tng;
}
else
{
    tng=2731-tng;
    Tdat=tng;
    Tdat|=0x8000;
}
```

9.2.2　实时时钟 DS3231

1. DS3231 简介

DS3231 是低成本、高精度 I^2C 实时时钟（RTC），其典型工作电路见图 9-4。电源电压 3.3V 时最大工作电流为 0.11mA，引脚 Vbat 外接 3V 电池作为备用电源，断开主电源时仍可保持精确的计时；引脚 $\overline{INT}$ 可选择为两个可编程日历闹钟输出端或方波输出端；引脚 32k 可编程输出 32.768kHz 时钟信号。

2．实时时钟数据读取与更改

DS3231 计时寄存器地址分配表见表 9-1，寄存器 00H～06H 依次存储秒、分、时、星期、日、月、年信息，数据格式为 BCD 码。

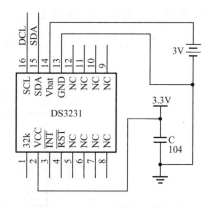

图 9-4　DS3231 典型工作电路

表 9-1　DS3231 计时寄存器地址分配表

地址	BIT7	BIT6	BIT5	BIT4	BIT3	BIT2	BIT1	BIT0	功能	范围
00H	0		10 秒			秒			秒	00～59
01H	0		10 分			分			分	00～59
02H	0	0		10 时		时			时	00～23
03H	0	0	0	0	0		星期		星期	1～7
04H	0	0		10 日		日			日	00～31
05H	世纪	0	0	10 月		月			月/世纪	01～12
06H		10 年				年			年	00～99

DS3231 器件地址为 0xD0，寄存器首地址为 0x00，使用模拟 I^2C 总线 C 程序中的函数直接读写寄存器，部分程序如下：

```
bit ok;                          //读写成功标志
unsigned char tmd[7];            //实时时钟缓冲区
ok=IRcvStr(0xD0,0x00,tmd,7);     //读取实时时钟
ok=ISendStr(0xD0,0x00,tmd,7);    //更改实时时钟
```

9.2.3　OLED 显示屏

1. OLED 显示屏简介

OLED 显示与液晶 LCD 显示相比有两个主要特点：一是自发光，无需背光；二是耐低温（-40℃），可在北方冬季户外正常使用。中景园电子 2.23 寸 OLED 显示屏原理图见图 9-5，显示屏对外有 7 个引脚，引脚 1、2 接电源，电压为 3.3V，引脚 5 接复位控制，使用 I^2C 接口时引脚 3 接 SCL，引脚 4 接 SDA，引脚 6、7 接地，同时电路板上断开 R8，短接

R4 和 R7，由默认 SPI 接口变为 I²C 接口。

中景园电子 2.23 寸 OLED 显示屏显示分辨率为 128×32，采用驱动芯片 SSD1309，工作电源由 662K 稳压为 2.9V 提供，显示电压由 LM2733 构成的升压电路提供，电压为 12.5V（电压范围为 7～15V）。SSD1309 支持并行口、SPI 接口和 I²C 接口通信，通过引脚 BS1、BS2 选择，当引脚 BS1 接高电平、引脚 BS2 接低电平时为 I²C 接口通信。

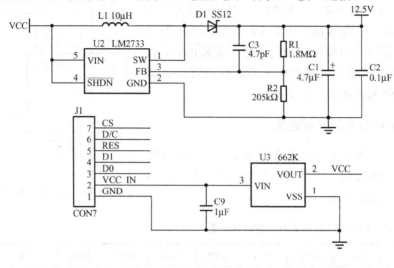

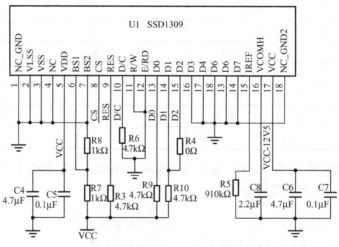

图 9-5　中景园电子 2.23 寸 OLED 液晶屏原理图

2. OLED 显示屏测试

OLED 显示屏测试效果如图 9-6 所示，编写测试程序在显示屏上显示"单片机通信技术"、"STC15W" 2 行字符。

图 9-6　OLED 显示屏测试效果图

显示驱动 C 程序如下：

```c
#include "oled.h"
#include "VI2C_C51.h"
//OLED 的显存存放格式如下
//[0]0 1 2 3 ... 127
//[1]0 1 2 3 ... 127
//[2]0 1 2 3 ... 127
//[3]0 1 2 3 ... 127
//取字方式：纵向 8 点构成一字节，上方的点在字节的低位
//          字符点阵四角按左上角→右上角→左下角→右下角
//8×16 半角字符点阵
unsigned char code F8X16[]=
{
0x00,0x70,0x88,0x08,0x08,0x08,0x38,0x00,
0x00,0x38,0x20,0x21,0x21,0x22,0x1C,0x00,        //0 S
  0x18,0x08,0x08,0xF8,0x08,0x08,0x18,0x00,
0x00,0x00,0x20,0x3F,0x20,0x00,0x00,0x00,        //1 T
  0xC0,0x30,0x08,0x08,0x08,0x08,0x38,0x00,
0x07,0x18,0x20,0x20,0x20,0x10,0x08,0x00,        //2 C
  0x00,0x10,0x10,0xF8,0x00,0x00,0x00,0x00,
0x00,0x20,0x20,0x3F,0x20,0x20,0x00,0x00,        //3 1
  0x00,0xF8,0x08,0x88,0x88,0x08,0x08,0x00,
0x00,0x19,0x21,0x20,0x20,0x11,0x0E,0x00,        //4 5
  0xF8,0x08,0x00,0xF8,0x00,0x08,0xF8,0x00,
0x03,0x3C,0x07,0x00,0x07,0x3C,0x03,0x00         //5 W
};
//汉字点阵
unsigned char code Hz16X16[][16]=
{
0x00,0x00,0xF8,0x49,0x4A,0x4C,0x48,0xF8,
0x48,0x4C,0x4A,0x49,0xF8,0x00,0x00,0x00,
0x10,0x10,0x13,0x12,0x12,0x12,0x12,0xFF,
0x12,0x12,0x12,0x12,0x13,0x10,0x10,0x00, //0 单
0x00,0x00,0x00,0xFE,0x20,0x20,0x20,0x20,
0x20,0x3F,0x20,0x20,0x20,0x20,0x00,0x00,
0x00,0x80,0x60,0x1F,0x02,0x02,0x02,0x02,
0x02,0x02,0xFE,0x00,0x00,0x00,0x00,0x00, //1 片
0x10,0x10,0xD0,0xFF,0x90,0x10,0x00,0xFE,
0x02,0x02,0x02,0xFE,0x00,0x00,0x00,0x00,
0x04,0x03,0x00,0xFF,0x00,0x83,0x60,0x1F,
0x00,0x00,0x00,0x3F,0x40,0x40,0x78,0x00, //2 机
0x40,0x42,0xCC,0x00,0x00,0xE2,0x22,0x2A,
0x2A,0xF2,0x2A,0x26,0x22,0xE0,0x00,0x00,
0x80,0x40,0x3F,0x40,0x80,0xFF,0x89,0x89,
0x89,0xBF,0x89,0xA9,0xC9,0xBF,0x80,0x00, //3 通
0x00,0x80,0x60,0xF8,0x07,0x00,0x04,0x24,
0x24,0x25,0x26,0x24,0x24,0x24,0x04,0x00,
```

```
0x01,0x00,0x00,0xFF,0x00,0x00,0x00,0xF9,
0x49,0x49,0x49,0x49,0x49,0xF9,0x00,0x00,      //4 信
0x10,0x10,0x10,0xFF,0x10,0x90,0x08,0x88,
0x88,0x88,0xFF,0x88,0x88,0x88,0x08,0x00,
0x04,0x44,0x82,0x7F,0x01,0x80,0x80,0x40,
0x43,0x2C,0x10,0x28,0x46,0x81,0x80,0x00,      //5 技
0x00,0x10,0x10,0x10,0x10,0xD0,0x30,0xFF,
0x30,0xD0,0x12,0x1C,0x10,0x10,0x00,0x00,
0x10,0x08,0x04,0x02,0x01,0x00,0x00,0xFF,
0x00,0x00,0x01,0x02,0x04,0x08,0x10,0x00      //6 术
};
//写字节
void OLED_WR_Byte(unsigned dat,unsigned cmd)
{
    if(cmd)
    {
        Start();                    //起始
        SendByte(0x78);             //设备地址
        SendByte(0x40);             //类型：数据
        SendByte(dat);              //数据
        Stop();                     //停止
    }
    else {
        Start();
        SendByte(0x78);
        SendByte(0x00);             //类型：命令
        SendByte(dat);
        Stop();
    }
}
//坐标设置
void OLED_Set_Pos(unsigned char x, unsigned char y)
{
    unsigned char x0;
    x0=x+4;
    OLED_WR_Byte(0xb0+y,OLED_CMD);
    OLED_WR_Byte(((x0&0xf0)>>4)|0x10,OLED_CMD);
    OLED_WR_Byte((x0&0x0f)|0x04,OLED_CMD);
}
//清屏函数，清完屏和没点亮一样
void OLED_Clear(void)
{
    u8 i,n;
    for(i=0;i<4;i++)
    {
        OLED_WR_Byte (0xb0+i,OLED_CMD);      //设置页地址（0~7）
        OLED_WR_Byte (0x04,OLED_CMD);        //设置显示位置（列低地址）
```

```
            OLED_WR_Byte (0x10,OLED_CMD);             //设置显示位置（列高地址）
            for(n=0;n<128;n++)OLED_WR_Byte(0,OLED_DATA);
    }
}
//在指定位置显示 8×16 字符
//水平位置 x 取值范围为 0 至 127，垂直位置 y 取值范围为 0 至 3，字符 c
void OLED_ShowNB(u8 x,u8 y,u8 c)
{
    unsigned char i=0;
    OLED_Set_Pos(x,y);
    for(i=0;i<8;i++)
    OLED_WR_Byte(F8X16[c*16+i],OLED_DATA);
    OLED_Set_Pos(x,y+1);
    for(i=0;i<8;i++)
    OLED_WR_Byte(F8X16[c*16+i+8],OLED_DATA);
}
//显示 16x16 汉字
//水平位置 x 取值范围为 0 至 127，垂直位置 y 取值范围为 0 至 3，字库位置 no，查自建字库
void OLED_ShowCHinese(u8 x,u8 y,u8 no)
{
    u8 t,adder=0;
    OLED_Set_Pos(x,y);
    for(t=0;t<16;t++)
    {
        OLED_WR_Byte(Hz16X16[2*no][t],OLED_DATA);
        adder+=1;
    }
    OLED_Set_Pos(x,y+1);
    for(t=0;t<16;t++)
    {
        OLED_WR_Byte(Hz16X16[2*no+1][t],OLED_DATA);
        adder+=1;
    }
}
//初始化 SSD1306
void OLED_Init(void)
{
    OLED_WR_Byte(0xAE,OLED_CMD);
    OLED_WR_Byte(0x04,OLED_CMD);
    OLED_WR_Byte(0x10,OLED_CMD);
    OLED_WR_Byte(0x40,OLED_CMD);
    OLED_WR_Byte(0x81,OLED_CMD);
    OLED_WR_Byte(0xFF,OLED_CMD);
    OLED_WR_Byte(0xA1,OLED_CMD);
    OLED_WR_Byte(0xA6,OLED_CMD);
    OLED_WR_Byte(0xA8,OLED_CMD);
    OLED_WR_Byte(0x1F,OLED_CMD);
```

```
    OLED_WR_Byte(0xC8,OLED_CMD);
    OLED_WR_Byte(0xD3,OLED_CMD);
    OLED_WR_Byte(0x00,OLED_CMD);
    OLED_WR_Byte(0xD5,OLED_CMD);
    OLED_WR_Byte(0xF0,OLED_CMD);
    OLED_WR_Byte(0xD8,OLED_CMD);
    OLED_WR_Byte(0x05,OLED_CMD);
    OLED_WR_Byte(0xD9,OLED_CMD);
    OLED_WR_Byte(0xC2,OLED_CMD);
    OLED_WR_Byte(0xDA,OLED_CMD);
    OLED_WR_Byte(0x12,OLED_CMD);
    OLED_WR_Byte(0xDB,OLED_CMD);
    OLED_WR_Byte(0x08,OLED_CMD);
    OLED_WR_Byte(0xAF,OLED_CMD);
}
```

主函数 C 程序如下：

```
#include "STC15Wxx.h"
#include "oled.h"
unsigned int t0;
//初始化端口
void GPIO_Init (void)
{
    P0M1 = 0x00;   P0M0 = 0x00;    //准双向
}
//Timer0 做 1ms 定时器
void  Timer_Init(void)
{
    AUXR = 0xC5;                //定时器 0 为 1T 模式
    TMOD = 0x00;               //设置定时器为模式 0 (16 位自动重装载)
    TL0 = 0xCD;                //初始化计时值
    TH0 = 0xD4;
    TR0 = 1;                   //定时器 0 开始计时
    ET0 = 1;                   //使能定时器 0 中断
}
//主函数
void main(void)
{
    unsigned char i,n;
    GPIO_Init();               //端口初始化
    Timer_Init();              //定时器初始化
    EA = 1;                    //允许全局中断
    OLED_Init();               //初始化 OLED
    OLED_Clear();              //清屏
    while (1)
    {
        t0=0;
        while(t0<1000);
```

```
    for(i=0;i<7;i++)
    {
        n=i<<4;
        OLED_ShowCHinese(n,0,i);      //显示 16×16 汉字
    }
    for(i=0;i<6;i++)
    {
        n=i<<3;
        OLED_ShowNB(32+n,2,i);        //显示 8×16 字符
    }
}
}
//定时器 0 中断函数，1ms
void tm0_isr() interrupt 1
{
    t0++;
}
```

9.3 韦根协议

9.3.1 韦根协议简介

韦根（Wiegand）协议是一种单向的、一对一的数据传输协议，多用于门禁控制系统中读卡器的信息传输。韦根协议使用 Data0、Data1 和 GND 共 3 根线传输数据，输出 0 时 Data0 线上出现负脉冲，输出 1 时 Data1 线上出现负脉冲。现在应用最多的是韦根 26 和韦根 34，二者数据格式相同，只是发送的位数不同，韦根 26 表示每帧数据含 26 位。韦根 26 协议时序图如图 9-7 所示，要求负脉冲宽度范围为 20～200μs，脉冲周期范围为 200μs～20ms，每帧数据间隔大于 250ms。

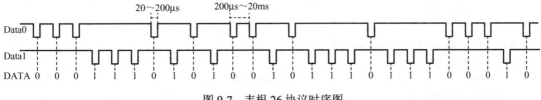

图 9-7 韦根 26 协议时序图

韦根 26 协议的 26 位数据依次由 1 位偶校验位、3 字节 24 位卡号和 1 位奇校验位组成，第 1 位为 2～13 位的偶校验位，第 26 位为 14～25 位的奇校验位。卡号一般由 HID 码的低 8 位和 PID 码组成，读卡器能读出卡的不同功能码，通过读卡器配套软件可以调整卡号的组成方式。

9.3.2 单片机模拟韦根 26 协议

1. 发送韦根 26 协议数据

使用定时器 0，定时周期为 0.1ms，16 个定时周期（1.6ms）作为韦根脉冲周期，韦根低脉冲宽度为 1 个定时周期（0.1ms）。定义发送数据缓冲区 buf[3]、第 1 校验位 w1、第 26 校验位 w26，定义模拟韦根协议的 2 个引脚。发送数据前先计算校验位，然后按定时器的定时顺序依次发出 26 位数据，发送函数如下：

```c
unsigned char buf[3];      //发送缓冲区
bit w1;                    //偶校验
bit w26;                   //奇校验
unsigned int t0;           //计时
unsigned char wn;          //发送计数
sbit DT0=P0^0;
sbit DT1=P0^1;
//发送韦根26数据函数，负脉冲宽度为100μs，周期为1600μs
void sentwg26(void)
{
    unsigned char i;
    unsigned char n;
    unsigned char m;
    n=0;                            //偶校验计算
    m=buf[0];
    for(i=0;i<8;i++)
    {
        if((m&0x80)==0x80)n++;
        m<<=1;
    }
    m=buf[1];
    for(i=0;i<4;i++)
    {
        if((m&0x80)==0x80)n++;
        m<<=1;
    }
    if((n&0x01)==0x01)w1=1;
    else w1=0;
    n=0;                            //奇校验计算
    m=buf[1]<<4;
    for(i=0;i<4;i++)
    {
        if((m&0x80)==0x80)n++;
        m<<=1;
    }
    m=buf[2];
    for(i=0;i<8;i++)
    {
```

```
        if((m&0x80)==0x80)n++;
        m<<=1;
    }
    if((n&0x01)==0x01)w26=0;
    else w26=1;


    t0=0;
    while(t0<405)                //开始发送数据
    {
        if((t0%16)==0)           //低脉冲时间段
        {
            wn=t0>>4;            //脉冲计数
            if(wn==0)            //发送第 1 位校验位
            {
                if(w1) DT1=0;
                else DT0=0;
            }
            if((wn>0)&&(wn<9))   //发送第 1 字节
            {
                m=rbuf[0]<<(wn-1);
                if((m&0x80)==0x80) DT1=0;
                else DT0=0;
            }
            if((wn>8)&&(wn<17))   //发送第 2 字节
            {
                m=rbuf[1]<<(wn-9);
                if((m&0x80)==0x80) DT1=0;
                else DT0=0;

            }
            if((wn>16)&&(wn<25))        //发送第 3 字节
            {
                m=rbuf[2]<<(wn-17);
                if((m&0x80)==0x80) DT1=0;
                else DT0=0;

            }
            if(wn==25)          //发送最后 1 位校验位
            {
                if(w26) DT1=0;
                else DT0=0;
            }
        }
        else                //恢复高电平时间段
        {
            DT0=1;
            DT1=1;
```

```
        }
    }
}
//定时器 0 中断函数, 0.1ms
void tm0_isr() interrupt 1
{
    t0++;
}
```

2. 接收韦根 26 协议数据

使用外部中断 0 检测 Data0，使用外部中断 1 检测 Data1，检测到脉冲后使用定时器 0 检测帧间隔，如果 2ms（>1.6ms）内无脉冲则判断接收完成。接收完成后进行奇偶校验，校验合格后将数据存放到缓冲器，进行下一步工作。部分程序如下：

```
unsigned char buf[3];              //接收缓冲区
unsigned char wp;                  //接收计数
bit Flag;                          //收到韦根数据标志
unsigned char t2;                  //接收数据计时，超时结束
unsigned long dat;                 //接收数据存放到 dat
sbit Data0=P3^2;                   //模拟韦根协议引脚定义
sbit Data1=P3^3;
//main:主函数
void main(void)
{
    unsigned char i;               //循环
    unsigned char n;               //计数
    unsigned long m;
    Data0=1;
    Data1=1;
    dat=0;
    while(1)
    {
        if(Flag)
        {
            Flag=0;                        //标志位清零
            n=0;
            m=dat>>14;
            for(i=0;i<13;i++)              //数据前 13 位偶校验
            {
                if((m&0x01)==0x01)n++;
                m>>=1;
            }
            if((n&0x01)==0x00)             //偶校验成功
            {
                n=0;
                m=dat>>1;
                for(i=0;i<13;i++)          //数据后 13 位奇校验
```

```
                {
                    if((m&0x01)==0x01)n++;
                    m>>=1;
                }
                if((n&0x01)==0x01)    //奇校验成功
                {
                    buf[0]=dat>>18;
                    buf[1]=dat>>10;
                    buf[2]=dat>>2;
                        //接收数据并校验成功后的其他工作
                }
            }
            dat=0;
        }
    }
}
//定时器 0 中断函数，0.1ms，帧间隔检测
void tm0_isr() interrupt 1
{
    if (wp>0) t2++;             //接收数据过程计时，中断接到数据清零
    else t2=0;
    if(t2>20)                   //如果 2ms 内无新数据，则判为一帧数据结束
    {
        if(wp>25) Flag=1;   //接收数据完成
        wp=0;               //接收计数清零
    }
}
//Int0Int:外部中断 0 子程序，韦根数据 0 检测
void Int0Int(void) interrupt 0
{
    wp++;
    t2=0;
    dat<<=1;                //数据 0，直接左移 1 位
}
//Int1Int:外部中断 1 子程序，韦根数据 1 检测
void Int1Int(void) interrupt 2
{
    wp++;
    t2=0;
    dat=dat|0x01;           //数据 1，置位
    dat<<=1;                //左移 1 位
}
```

参 考 文 献

1．周立功. LPC900 系列 Flash 单片机应用技术（上册）[M]. 北京：北京航天航空大学出版社，2004.

2．施威铭. Android App 开发入门——使用 Android Studio 环境[M]. 北京：机械工业出版社，2016.

3．范剑波.Visual Basic 网络程序设计[M].北京：科学出版社，2003.

读者调查及征稿

1．您觉得这本书怎么样？有什么不足？还能有什么改进？

_____

_____

_____

_____

2．您在什么行业？从事什么工作？需要哪些方面的图书？

_____

_____

_____

3．您有无写作意向？愿意编写哪方面的图书？

_____

_____

4．其他：

_____

_____

说明：

针对以上调查项目，可通过电子邮件直接联系：bjcwk@163.com　　联系人：陈编辑

欢迎您的反馈和投稿！

电子工业出版社

反侵权盗版声明

　　电子工业出版社依法对本作品享有专有出版权。任何未经权利人书面许可，复制、销售或通过信息网络传播本作品的行为，歪曲、篡改、剽窃本作品的行为，均违反《中华人民共和国著作权法》，其行为人应承担相应的民事责任和行政责任，构成犯罪的，将被依法追究刑事责任。

　　为了维护市场秩序，保护权利人的合法权益，我社将依法查处和打击侵权盗版的单位和个人。欢迎社会各界人士积极举报侵权盗版行为，本社将奖励举报有功人员，并保证举报人的信息不被泄露。

举报电话：（010）88254396；（010）88258888

传　　真：（010）88254397

E-mail:　　dbqq@phei.com.cn

通信地址：北京市海淀区万寿路 173 信箱
　　　　　电子工业出版社总编办公室

邮　　编：100036